Blatt & Blüte
50 TIPPS
HEILSAME PFLANZEN
Pflanze dir dein heilsames Ernteglück
moses.

HEILSAME PFLANZEN

Seit Jahrtausenden nutzen Menschen in allen Kulturen der Erde die verschiedensten Heilpflanzen mit ihren unterschiedlichen heilwirksamen Inhaltsstoffen, um Verletzungen zu heilen und Erkrankungssymptome zu lindern. Selbst die Tiere wissen um die Heilkraft der Pflanzen.

Viele heilwirksame Pflanzen wachsen ganz natürlich in unseren heimischen Lebensräumen, andere kamen über die Klostergärten aus dem Mittelmeer- und vorderasiatischen Raum zu uns oder erreichten uns über Seefahrer aus der Neuen Welt. So können Sie diese bei Spaziergängen in der Natur sammeln – oder im eigenen Garten, auf Balkon und Terrasse anbauen.

Heilwirksame Inhaltsstoffe

Heilwirksame Pflanzen unterscheiden sich von nichtheilwirksamen durch den Gehalt verschiedener Inhaltsstoffe, die im menschlichen Körper ihre heilende Kraft entfalten. Die wichtigsten sind:

Ätherische Öle: verströmen einen intensiven Duft, haben einen vielfältigen Effekt auf Körper und Seele, von Erkältungskrankheiten über Verdauungsprobleme und Hauterkrankungen bis zu Entspannung

Alkaloide: sind starke Nervengifte und meist nicht für die Selbstmedikation geeignet, ihre Wirkstoffe entfalten sie gering dosiert in Arzneien

Anthozyane: rot-blauviolette Farbstoffe, sind wundheilend, zellschützend und beugen Krebserkrankungen vor

Bitterstoffe: schmecken bitter, sind in vielen Pflanzen enthalten und fördern die Verdauung

Flavonoide: gelb-orange Farbstoffe mit weitreichenden positiven Einflüssen auf Blutgefäße, Herz und Kreislauf, Infektionskrankheiten und Immunsystem; sie hemmen Entzündungen, treiben Harnbildung und Stoffwechsel an, hellen die Stimmung auf und lindern Allergien

IMPRESSUM

Arnoldstraße 13d, D-47906 Kempen
www.moses-verlag.de

3. Auflage 2025

ISBN 978-3-96455-244-0

Konzept & Text: Bärbel Oftring
Covergestaltung & Design:
Christina Kölsch (christinakoelsch.de)
Satz: Tanja Thiele
Lektorat: Anna Hahn
Redaktion: Tanja Mues

Bildnachweis:
Cover Box, Cover Leporello: Shutterstock: Sundra, Morphat Creation, Gannie, Olga_Serova, Depiano, Eisfrei, arxichtu4ki
Leporello innen: Foto Autorin, Bärbel Oftring privat / Foto Seite 1 (Chamille White), 4 (Moustache Girl)
Karten: Shutterstock: 1 (Elusive Edamame), 2 (Minoli), 3 (Caterina Trimarchi), 4 (Patrick Daxenbichler), 5 (Bogdan Sonjachnyj), 6 (freya-photographer), 7 (New Africa), 8, 16 (Chamille White), 9 (Gagarova Olga), 10 (Olena Rudo), 11 (iva), 12 (JIAlvarez), 13 (Rido), 14 (Alexander Raths), 15 (KMNPhoto), 18 (Milena Khosroshvili), 19 (Zeitgugga6897), 20 (Valentyn Volkov), 21 (Nitr), 22 (Avelina), 23 (ganjalex), 24 (Dev-Maryna), 25 (Anastasiia Malinich), 26 (MiFleurDesign), 27 (Chinola), 28 (HHelene), 29 (Marinodenisenko), 30 (by-studio), 31 (almgren), 32 (LianeM), 33 (Gaston Cerliani), 34, 40 (Flower-Garden), 35 (Anna Gratys), 36 (nnattalli), 37 (M. Schuppich), 38 (gunsan gimbanjang), 39 (Olexandr Panchenko), 41 (LifeCollectionPhotography), 42 (Orest lyzhechka), 43 (Wagner Campelo), 44 (Olesya Myzzz), 45 (Wut_Moppie), 46 (Cavan-Images), 47 (Julitt), 48 (Rhoenbergfoto), 49 (tamu1500), 50 (Shutova Elena)

Printed in China

DIE AUTORIN

Bärbel Oftring ist Diplom-Biologin und hat das Büchermachen von der Pique auf gelernt. Sie schreibt über Erstaunliches, Wissens- und Erlebenswertes in Natur und Garten. Inzwischen sind über 140 Titel für Erwachsene und Kinder von ihr erschienen, die bereits in mehrere Sprachen übersetzt und mehrfach mit Preisen ausgezeichnet wurden. Heute lebt die engagierte Naturforscherin mit ihrer Familie bei Stuttgart.

Gerbstoffe: haben eine zusammenziehende, blutstillende und keimhemmende Wirkung vor allem auf Schleimhäute, daher werden sie vor allem bei Entzündungen im Mund-Rachen-Raum oder Verletzungen angewendet; zudem lindern sie Juck- und Schmerzreize

Kieselsäure: stärkt das Gewebe und fördert die Wundheilung

Glykoside wie Senfglykoside: schmecken scharf, fördern die Durchblutung, regen Stoffwechsel und Immunsystem an und sind keimhemmend

Saponine: schäumen in Wasser wie Seife mit vielfältigem Wirkspektrum, stillen Schmerzen, lösen Schleim, treiben Harn- und Schweißbildung, regen den Stoffwechsel an, stärken Venen und Verdauung

Schleimstoffe: überkleiden Schleimhäute, lindern Schluckbeschwerden und lassen Entzündungen bei Erkältungen, im Magen-Darm-Trakt und in Wunden rascher heilen

DIE DOSIS MACHT DAS GIFT

Nicht wenige Heilpflanzen sind gleichzeitig ziemlich giftig, wie etwa Efeu oder Fingerhut. Eine heilende Kraft entfalten sie nur in äußerst geringen Dosen – aus diesem Grund sind diese Heilpflanzen nicht für die Selbstmedikation geeignet und darum auch nicht in diesem Kartenset enthalten.

Auch wenn die Wirkstoffe in Heilpflanzen natürlichen Ursprungs sind, sollten die meisten heilwirksamen Pflanzen nicht in Dauermedikation genommen werden, sondern nur bei Bedarf. Dies betrifft vor allem alkaloid-, gerbstoff-, saponin- und schleimstoffreiche Pflanzen wie Beinwell sowie Gänseblümchen, Gundermann, Königskerze, Schlüsselblume und Spitzwegerich. Wenden Sie Heilmittel aus diesen Pflanzen stets nur kurzzeitig an, also eine Woche bis zehn Tage, und machen dann eine Pause, um sie danach erneut anzuwenden.

INHALT

LEGENDE

*	einfach und anspruchslos
**	nicht ganz so einfach
***	anspruchsvoll
JAN–DEZ	Blütezeit in Monaten
↑	Wuchshöhe in cm/m

TL = Teelöffel
EL = Esslöffel

HEILSAME PFLANZEN FÜR GARTEN, BALKON UND TERRASSE

Viele heilsame Pflanzen können Sie in Ihrem Garten kultivieren, und die meisten gedeihen auch in Topfkultur auf Balkon und Terrasse. Damit sich die heilwirksamen Inhaltsstoffe auch in den Pflanzen bilden können, wählen Sie für jede Pflanzenart den optimalen Standort. Bei heimischen Arten gelingt das recht leicht, da sie an unsere Jahreszeiten mit warmen, hellen Sommern und kühlen Wintern angepasst sind. Viele Heilpflanzen stammen aber aus dem Mittelmeerraum – sie brauchen unbedingt den sonnigsten, wärmsten Platz, nur dort entfalten sie ihre ganze Heilkraft.

Pflanzen wachsen im Erdboden. Dort holen sie sich über die Wurzeln alles, was sie zum Leben brauchen – Wasser und Nährstoffe. Bei der Kultur in Pflanzgefäßen wählen Sie darum unbedingt eine qualitativ hochwertige Blumenerde, die zudem absolut torffrei ist.

- Die richtige Erde ist hellbraun und nicht schwarz wie Torf! Sie sollte auch keine Rindenanteile enthalten, deren Gehalt an Huminsäuren von vielen Heilpflanzen nicht vertragen wird.

- Vor allem für die mediterranen Heilpflanzen und solche mit Wildblumencharakter ist normale Garten- oder Blumenerde zu nährstoffreich. Wenn Sie Sand untermischen, macht das die Erde magerer.

DAS RICHTIGE PFLANZGEFÄSS ...

... weist am Topfboden Abzugslöcher auf, über die ein Zuviel an Gieß- oder Regenwasser ablaufen kann, sowie eine Drainageschicht aus Kies.

HEILSAME PFLANZEN SAMMELN

Die meisten heilwirksamen Pflanzen können Sie selbst anbauen – bei einigen ist dies jedoch schwierig: Dies betrifft vor allem heilwirksame Bäume wie die Linde, aber auch Wildkräuter mit besonderen Standortwünschen wie etwa den feuchtbodenliebenden Baldrian. Diese Pflanzen finden Sie in der Natur, wo Sie sie sammeln können. Dafür gelten aber einige goldene Regeln, damit es nicht nur Ihnen, sondern auch der heimischen Natur nicht schadet.

GOLDENE REGELN FÜR DAS SAMMELN IN DER NATUR:

❶ Sie dürfen auf keinen Fall in einem Naturschutzgebiet oder in sensiblen, trittempfindlichen Lebensräumen sammeln. Bleiben Sie stets auf den Wegen.

❷ Sammeln Sie nur dort, wo es reichlich Pflanzen dieser Art gibt und nur so viel, wie Sie auch tatsächlich benötigen. Brauchen Sie größere Mengen, so besorgen Sie sich diese in der Apotheke oder im Kräuterladen.

❸ Sammeln Sie grundsätzlich keine Pflanzen am Rand von Straßen oder Gleisen, von landwirtschaftlichen Feldern und Äckern – dort ist der Eintrag von Giften durch unser menschliches Tun leider viel zu hoch.

❹ Hinterlassen Sie den Ort des Sammelns so – oder noch schöner – wie Sie ihn angetroffen haben. Vielleicht mögen Sie hingeworfene Abfälle mitnehmen und sich mit einem Danke von der Pflanze verabschieden.

HEILWIRKSAME PFLANZEN AUSSÄEN

Einjährige Pflanzen wie Ringelblumen müssen Sie jährlich neu aussäen, da diese ihre Entwicklung in einem einzigen Jahr von Keimung bis zu Samenbildung abschließen. Auch zwei- und mehrjährige Heilpflanzen können Sie ganz einfach durch Aussaat im Garten oder Pflanzgefäßen kultivieren. Samen – Saatgut in der Gärtnersprache – erhalten Sie in Tütchen oder Dosen im Garten- und Kräuterhandel. Sie können Samen aber auch selbst gewinnen, indem Sie diese aus Früchten oder verwelkten Blüten sammeln.
Im Freiland säen Sie die Samen direkt an Ort und Stelle, dabei beachten Sie die Angaben auf dem Samentütchen.

SO SÄEN SIE AUS:

Schauen Sie auf den Samentütchen nach, ob die Samen Dunkelkeimer oder Lichtkeimer sind.

❶ Füllen Sie Pflanztöpfchen oder auch eine leere Früchte-Pappschale mit feuchter, nährstoffarmer Aussaaterde, und glätten Sie diese mit der Hand unter sanftem Druck.

Dunkelkeimer: Für die Aussaat von Dunkelkeimern ziehen Sie Rillen in die Erde, in die Sie größere Samen hineinlegen und kleinere Samen mit Sand gemischt ausstreuen. Rillen mit Erde zudecken.

Lichtkeimer: Diese Samen brauchen Licht zum Keimen – darum säen Sie sie direkt auf der geglätteten Erdoberfläche aus, leicht andrücken.

❷ Nun besprühen Sie die Erde vorsichtig mit Wasser aus einer Sprühflasche und bedecken sie dünn mit Sand, der dann die kleinen Keimpflänzchen abstützt.

❸ Zum Schluss schreiben Sie die Namen der Pflanzen mit Aussaatdatum auf Etiketten, die Sie in die Erde stecken. An einen hellen, warmen Platz stellen.

TIPP: Wenn Sie über Töpfchen oder Schale mit den ausgesäten Samen eine Klarsichtfolie spannen, keimen die Samen in dieser »gespannten Luft« besser.

HEILWIRKSAME PFLANZEN IN DIE ERDE SETZEN

Pflanzen wurzeln im Boden, wo sie Halt finden und mit Wasser und Nährstoffen versorgt werden. Darum müssen die Wurzeln beim Pflanzen in den Boden und in Pflanzgefäßen guten Anschluss an die Erde haben. Und weil Pflanzen wachsen, müssen sie irgendwann – spätestens sobald das Pflanzgefäß zu klein geworden ist und die Wurzeln unten aus den Abzugslöchern herausgucken – in ein größeres Gefäß umgetopft werden.

EINPFLANZEN ...

Legen Sie Tonscherben über die Abzugslöcher am Boden des sauberen Pflanzgefäßes, in größere Behältnisse geben Sie eine 1–5 cm hohe Drainageschicht aus Blähton oder Kies.

Füllen Sie dann Blumenerde ein und formen in der Mitte eine tiefe Kuhle.

Setzen Sie den Wurzelballen in die Kuhle. Achten Sie darauf, dass die Pflanze nicht zu hoch und nicht zu tief sitzt.

Füllen Sie so viel Erde auf, dass die Wurzeln gut bedeckt sind. Dann drücken Sie die Erde gut an die Wurzeln an, füllen evtl. noch etwas Erde nach – dabei sollte die Erdoberfläche 1–2 cm unterhalb des Gefäßrandes liegen. Gut angießen. An einen hellen Platz stellen. Fertig.

... UND UMTOPFEN

Die beste Zeit dafür sind die Monate Februar bis April, denn dann endet die Winterruhe, und die Pflanzen erwachen zu neuem Leben. Der neue Topf sollte im Durchmesser etwa 2 cm größer sein als der alte. Entnehmen Sie vorsichtig den Wurzelballen aus dem alten Pflanzgefäß – manchmal lösen sich die Wurzeln leichter vom Rand, wenn Sie es durchkneten. Dann pflanzen Sie die Pflanze so ein wie oben beschrieben.

RICHTIG GIESSEN UND DÜNGEN

Ohne Wasser und Nährstoffe können Pflanzen nicht überleben – beim Gießen und Düngen versorgen Sie die Pflanzen bedarfsgerecht damit, weder zu viel noch zu wenig. Pflanzen nehmen Wasser und Nährstoffe über die Wurzeln auf. In den grünen Blättern wird das Wasser für die pflanzentypische Stoffproduktion, die Fotosynthese, gebraucht – und dort verdunstet es auch.

DIE WICHTIGSTEN NÄHRSTOFFE SIND:

- Stickstoffverbindungen benötigen Pflanzen zum Wachsen
- Phosphor wird zum Blühen und Bilden von Früchten benötigt
- Kalium macht die Pflanzen widerstandskräftig
- Magnesium und Eisen sind notwendig für das Blattgrün

RICHTIG GIESSEN:

Für die meisten Pflanzen sollte die Erde immer leicht feucht sein – weder zu trocken noch zu nass. Mit einem einfachen Test ermitteln Sie die Bodenfeuchte: Dazu stecken Sie den Finger neben der Pflanze etwa 1 cm tief in den Boden. Erst wenn die Erde an der Oberfläche abgetrocknet ist, wird wieder gegossen. Der Wasserbedarf der Pflanzen ist sehr unterschiedlich, manche brauchen viel, andere sehr wenig.

Das beste Wasser für Pflanzen ist weiches Regenwasser und der beste Dünger organischer Dünger wie Kompost oder Hornprodukte.

RICHTIG DÜNGEN:

Den meisten Pflanzen genügt es, wenn sie einmal im Frühjahr mit Kompost, Hornspänen oder einem organischen Flüssigdünger versorgt werden. Pflanzen, die besonders viele Nährstoffe brauchen, erhalten diese durch einen Langzeitdünger, den Sie der Blumenerde beigemischt haben, oder durch ein- oder mehrmaliges Nachdüngen.
Dabei gilt: Egal, ob im Garten oder bei Topfpflanzen – gedüngt wird nur von März/April bis Anfang August! Werden Pflanzen später im Jahr gedüngt, so schwächt sie das für den bevorstehenden Winter.

Kompost gilt als wertvollster Dünger. Mit speziellen kleinen Kompostern können Sie aus pflanzlichen Küchenabfällen, Ästen, Zweigen und Kartonstücken Kompost sogar auf dem Balkon machen. Zugesetzte Kompostwürmer beschleunigen den Ab- und Umbauprozess.

HEILWIRKSAME PFLANZEN ERNTEN

Bei der Ernte entfernen Sie diejenigen Pflanzenteile, die Sie zum Heilen und Lindern verwenden möchten – entweder um sie direkt frisch einzusetzen oder um sie für spätere Anwendungen getrocknet, als Saft, Sirup, Salbe oder Tinktur zu konservieren. Ernten Sie nur gesunde, intakte Pflanzenteile – und auch nur so viel, wie Sie sofort benötigen oder verarbeiten können.

Schneiden Sie bei der Ernte frische Triebe bzw. das oberste Drittel von Zweigen ab. Möchten Sie die ganze Pflanze ernten, so schneiden Sie sie etwa 5–10 cm über dem Boden ab – nicht ausreißen! Dabei verletzen Sie nur die Wurzel, aus der die mehrjährige Pflanze ja neu austreiben soll. Nach dem Ausgraben und Abschneiden von Wurzelstücken füllen Sie das Loch wieder mit Erdboden.

Legen Sie das frische Erntegut in einen luftdurchlässigen Korb oder ein offenes Gefäß, Sie können daraus auch einen Strauß binden und es so transportieren. Feinere Blüten, Blätter und Früchte können Sie in Pappschachteln sammeln – dafür eignen sich gut aufgehobene Erdbeerbehälter aus Pappe. Geben Sie auf keinen Fall die frisch geernteten Pflanzenteile in eine Plastiktüte – darin beginnen sie sich rasch zu zersetzen.

DER RICHTIGE ERNTEZEITPUNKT:
Heilsame duftende Kräuter und andere oberirdische Pflanzenteile ernten Sie am besten kurz vor und während der Blüte. Dann ist der Gehalt an ätherischen Ölen am höchsten. Wählen Sie für die Ernte trockene, sonnige oder trübe Tage, denn bei regnerischer, feucht-kühler Witterung neigt das nasse Erntegut leicht zum Schimmeln. Die beste Tageszeit für die Ernte ist vormittags, da dann die wärmende Sonne die Produktion an Inhaltsstoffen angetrieben hat, aber noch nicht allzu viele ätherische Öle verdunstet oder freigesetzt wurden.

HEILWIRKSAME PFLANZEN BEI HUSTEN UND ERKÄLTUNG

Vor allem im Winterhalbjahr treten Erkältungen auf, die manchmal sogar mit Fieber einhergehen. Ältere Menschen können dann auch von Grippeviren befallen sein. Um all diesen Krankheiten vorzubeugen, sollten Sie stets für ein starkes Immunsystem sorgen durch gesunde Lebensweise. Dazu gehören ausreichend Bewegung an der frischen Luft, genug Schlaf und wenig Stress.

HEILWIRKSAME PFLANZEN BEI ERKÄLTUNGEN:

Schweißtreibend: Schwarzer Holunder, Linde
Sekretlösend: Schlüsselblume, auch Ingwertee
Erreger abtötend: Knoblauch

HEILSAME PFLANZEN BEI SCHLEIMIGEM HUSTEN, BRONCHITIS:

Sekretlösend, auswurffördernd, entzündungshemmend: Fenchel, Gänseblümchen, Knoblauch, Königskerze, Meerrettich, Schlüsselblume, Thymian
Erkältungssalbe zum Einreiben der Brust: Fenchelfrüchte, Thymian, Wacholderbeeren, Fichtennadeln

HEILSAME PFLANZEN BEI TROCKENEM REIZHUSTEN:

Schleimhaltige Pflanzen mildern den Reiz: Eibisch, Königskerze, Lindenblüten, Malve, Spitzwegerich

HEILSAME PFLANZEN BEI ENTZÜNDUNGEN IM MUND-RACHEN-RAUM:

Gerbstoffhaltige Pflanzen wirken entzündungshemmend: Heidelbeere, Kamille, Salbei
Reizmildernd: Eibisch, Malve, Ringelblume, Sanddornfruchtfleischöl, Spitzwegerich

HEILSAME PFLANZEN BEI SCHNUPFEN:

Keimhemmend: Fenchel, Kamille, Pfefferminze

TIPP: Süßen Sie Ihren Tee mit Honig, das hilft beim Abhusten. Inhalieren Sie bei Schnupfen Pfefferminzdampf – dazu geben Sie 3 Tropfen Pfefferminzöl auf 1 Liter heißes Wasser.

HEILWIRKSAME PFLANZEN FÜR WUNDEN UND KLEINE WEHWEHCHEN

Im Alltag bleiben Wunden und kleine Wehwehchen nicht aus. Dank der heilsamen Inhaltsstoffe finden Sie Linderung durch verschiedene Heilpflanzen.

HEILSAME PFLANZEN FÜR ABGESCHÜRFTE HAUTSTELLEN ODER OFFENE, BLUTENDE WUNDEN:

Wundreinigend: Tinktur aus Ringelblumen
Wundheilend, entzündungshemmend: Kamille, Ringelblume als Kompresse (mit Tee getränkter Wattebausch)
Wundheilsalbe: Johanniskraut, Ringelblume, Sonnenhut (nur dünn auf die Wundränder)

BLUTERGUSS, PRELLUNG, QUETSCHUNG, VERSTAUCHUNG, ZERRUNG (GESCHLOSSENE WUNDEN):

Entzündungshemmend, abschwellend, schmerzlindernd, heilend: Beinwell, Johanniskraut

WENN DAS NAGELBETT ENTZÜNDET IST:

Schmerzlindernd, heilungsfördernd: Kamille, Ringelblume (Fingerbad in Tee)

BEI LEICHTEM SONNENBRAND:

Entzündungshemmend, abschwellend, schmerzlindernd: Kamille, Malve, Ringelblume, Spitzwegerich als Teekompresse (kalt!)

BEI INSEKTENSTICHEN ODER NACH KONTAKT MIT BRENNNESSELN:

Entzündungshemmend, juckreizstillend: frischer Blättersaft aus Gänseblümchen, Gundermann, Pfefferminze, Spitzwegerich, auch frischer Zwiebelsaft hilft

BEI REISEKRANKHEIT:

Übelkeit lindernd: Kamille, Pfefferminze, Zitronenmelisse, auch Ingwer

HEILWIRKSAME PFLANZEN FÜR EINE GUTE VERDAUUNG

Zum Rundum-Wohlfühlen trägt maßgeblich eine gute Verdauung bei. Zum Verdauungstrakt gehören neben dem Mundraum und der Speiseröhre auch Magen, Darm, Bauchspeicheldrüse sowie Leber und Galle.

HEILSAME PFLANZEN BEI BLÄHUNGEN:

Blähungstreibend, gaslösend: Fenchel, Lavendel, Pfefferminze, auch Kümmel und Anis

HEILSAME PFLANZEN BEI ÜBELKEIT UND ERBRECHEN:

Lindernd: Kamille, Pfefferminze, Zitronenmelisse, auch Ingwer

HEILSAME PFLANZEN BEI BAUCHSCHMERZEN:

Krampflindernd, entzündungshemmend: Fenchel, Hopfen, Kamille, Kümmel, Lavendel, Pfefferminze, Zitronenmelisse

HEILSAME PFLANZEN BEI APPETITLOSIGKEIT:

Appetitanregend durch Bitterstoffe: Löwenzahn, Wegwarte, Hopfen, Salbei, auch Schafgarbe

HEILSAME PFLANZEN BEI DURCHFALL:

Zusammenziehend, austrocknend, keimhemmend durch Gerbstoffe: Heidelbeere, fein geriebener, mit Zimt gewürzter Apfel

HEILSAME PFLANZEN BEI VERSTOPFUNG:

Abführend, stuhlregulierend: Leinsamen, Flohsamen
Galle anregend: Löwenzahn, Ingwer
Sekretionsfördernd: Fenchel

HEILSAME PFLANZEN BEI BLASENENTZÜNDUNG:

Desinfizierend: Meerrettich
Durchspülend, harntreibend: Brennnessel, Löwenzahn

WICHTIG! Für alle Anwendungen heilsamer Pflanzen gilt: Wählen Sie nur einwandfreie, ungespritzte Pflanzenteile aus eigenem oder biologischem Anbau!

HEILWIRKSAME PFLANZEN FÜR GUTEN SCHLAF UND ENTSPANNUNG

Der Alltag der meisten Menschen heutzutage ist geprägt von Stress, Hektik und Sorgen. Sie führen zu Erschöpfung, Anspannungen, Unruhe und Schlafstörungen, in schlimmeren Fällen zu Angstzuständen und Depression – dann müssen Sie sich unbedingt professionelle Hilfe holen!

HEILSAME PFLANZEN BEI SCHLAFSTÖRUNGEN:

Schlaf- und einschlaffördernd: Baldrian, Hopfen, Kamille, Lavendel, Linde, Zitronenmelisse

TIPP: Ein abendliches Ritual hilft zu entspannen und sich auf die Nacht vorzubereiten. Teil davon kann ein Schlaf- oder Schlaftrunk aus einem Tee oder Teemischung der oben genannten Schlafkräuter sein.

HEILSAME PFLANZEN BEI ERSCHÖPFUNG UND NERVOSITÄT:

Beruhigend: Baldrian, Johanniskraut, Lavendel, am besten eignet sich Ginseng oder Löwenzahn, der »Ginseng des Westens«

HEILSAME PFLANZEN BEI ÄNGSTEN:

Ängste lindern: Baldrian, Hopfen, Johanniskraut, Lavendel, Zitronenmelisse

HEILSAME PFLANZEN BEI FÖHNWETTERLAGEN:

Lindernd: Baldrian, Johanniskraut, Lavendel, Zitronenmelisse

HEILSAME PFLANZEN BEI KOPFSCHMERZEN:

Lindernd: Pfefferminze, auch Johanniskraut
Krampflindernd: Fenchel, Kamille

HEILWIRKSAME PFLANZEN FÜR HAUT UND HAAR

Unsere Haut schützt uns vor vielen schädlichen Umwelteinflüssen, über Schweiß- und Talgausscheidungen dient sie auch der Entgiftung. Als größtes Organ des menschlichen Körpers sollten Sie sie mit Sorgfalt behandeln.

HEILSAME PFLANZEN FÜR DIE TROCKENE HAUT:
Für die hochwertige Pflege mischen Sie ein paar Tropfen Sanddornfruchtfleischöl unter Mandelöl, auch Nachtkerzenöl pflegt gut. Trockene Haut um Augen bekommen mit Fencheltee getränkte Wattepads als Kompresse.

HEILSAME PFLANZEN FÜR UNREINE GESICHTSHAUT:
Gesichtswasser: Salbeitee

HEILSAME PFLANZEN BEI JUCKENDER HAUT:
Lindernd: Eibisch, Kamille, Johanniskraut, Malve, Ringelblume, auch verdünnter Essig

HEILSAME PFLANZEN BEI STARKEM SCHWITZEN:
Harntreibend: Brennnessel, Salbei (auch äußerlich)

HEILSAME PFLANZEN FÜR DIE HAARPFLEGE:
Spülung: Tee aus Gänseblümchen, Holunderblüten, Lavendel, Salbei, Thymian, auch Rosmarintee
Bei fettigem oder glanzlosem Haar: Tee aus Brennnessel, Zitronenmelisse
Bei juckender Kopfhaut und Schuppen: Tee aus Beinwellwurzel, Kamille
Bei trockenem Haar und Kopfhaut: Tee aus Eibisch, Ringelblume

HEILWIRKSAME PFLANZEN FÜR KINDER

Jedes Kind wird mal krank – es leidet an Husten und Schnupfen oder verletzt sich beim Spielen und Toben: Das ist völlig normal, dabei lernt der Körper, die üblichen Krankheitserreger abzuwehren und in seinen Bewegungen geschickter zu werden. Auch die Persönlichkeit reift so heran. Milde heilsame Pflanzen, dazu viel Ruhe und Geduld unterstützen Kinder bei ihrem körperlichen und seelischen Wachstum.

Wichtig: Für Kinder müssen Sie unbedingt die heilsamen Pflanzen in Tees und anderen heilwirksamen Anwendungen deutlich geringer dosieren als für Erwachsene. Bis zum Grundschulalter verwenden Sie höchstens ein Drittel der Menge an Heilpflanzen, im Grundschulalter dann etwa die Hälfte der angegebenen Menge, ab der Pubertät vertragen Kinder dieselbe Dosierung wie Erwachsene.

MILDE HEILSAME PFLANZEN BEI ERKÄLTUNG:

Schweißtreibend: Lindenblütentee, Holunderblütentee, auch als warmes Fußbad

Schnupfenlösend: den warmen Dampf von Fenchel-, Kamillen- oder Thymiantee einatmen

Schleimigen Husten lösend: Tee aus Fenchel, Gänseblümchen, Königskerze, Schlüsselblume, Thymian

Trockenen Reizhusten lindernd: Tee oder Bonbons aus Malvenblüten, Spitzwegerich

Halsschmerzen lindernd: Gurgeln oder Bonbons aus Eibisch, Kamille, Malve, Thymian

Bei Fieber Körpertemperatur leicht senkend: warmer Wadenwickel mit einem mit Pfefferminztee getränkten Tuch

MILDE HEILSAME PFLANZE BEI BAUCHWEH UND BLÄHUNGEN:

Blähungshemmend: Tee aus Fenchel oder Kümmel

MILDE HEILSAME PFLANZE BEI VERDORBENEM MAGEN UND ERBRECHEN:

Krampflösend: Pfefferminztee

MILDE HEILSAME PFLANZE BEI DURCHFALL:

Darmtätigkeitsregulierend: fein geriebener Apfel, getrocknete Heidelbeeren

MILDE HEILSAME PFLANZE BEI VERLETZUNGEN:

Verschmutzte Wunde reinigen: verdünnter Kamillen- oder Ringelblumentee

Bluterguss lindernd, schmerzlindernd: Kompresse mit Ringelblumen- oder Pfefferminztee, Johanniskrautöl

HEILWIRKSAME PFLANZEN FÜR MASSAGE & FUSSBAD

Auch ohne irgendwelche Beschwerden tun uns heilsame Pflanzen einfach gut! Sie wirken in einem warmen Fußbad oder bei einer Massage.

HEILSAME PFLANZEN FÜR MASSAGEÖLE:

Bei einer Massage wirken die Wärme und Bewegungen der Hände entspannend oder belebend auf die Muskulatur, die Durchblutung wird angeregt – heilsame Pflanzen im Massageöl unterstützen dies. Verwenden Sie als Grundöl ein hochwertiges pflanzliches Öl wie Olivenöl oder duftneutrales Mandel- oder Jojobaöl, die heilsame Pflanzenkraft mischen Sie tropfenweise als Öl oder Tinktur hinzu.

Bei verspannten Muskeln: Lavendel, Rose

Bei Quetschungen: Gänseblümchen

Wärmend: Pfefferminze, auch Rosmarin

HEILSAME PFLANZEN FÜRS FUSSBAD:

Bei einem Fußbad regen sie die Durchblutung an, fördern einen stabilen Kreislauf, wärmen, entspannen und beruhigen den Körper. Dazu geben Sie einfach 1 Liter heilsamen Tee oder 1–2 EL einer Tinktur in eine mit warmem Wasser gefüllte Schüssel, gerne können Sie auch etwas Honig oder Milch als Hautpflege hinzutun, die Füße 8–15 Minuten darin baden. Auch Kinder mögen dies.

Bei müden, angeschwollenen Füßen: Pfefferminze, auch Beifuß

Bei feuchten, schweißigen Füßen: Salbei

Bei heißen Füßen: Pfefferminze

Bei schmerzenden Füßen, nach einem langen Tag: Lavendel, Sanddorn

Bei trockenen Füßen, rissiger Haut: Lavendel

TIPP: Als Salbe hergestellt wirken diese heilsamen Pflanzen auch in einer Fußcreme.
Probieren Sie auch einmal ein Handbad!

GRUNDREZEPT: HEILWIRKSAMER TEE

Viele heilwirksame Pflanzen können Sie als Tee zu sich nehmen. Dazu verwenden Sie frische oder getrocknete Pflanzenteile, die Sie zuvor zerkleinert haben. Nach Ihrem persönlichen Geschmack und Belieben geben Sie Fenchelfrüchte, Kardamom, Zimt oder Vanille hinzu – wegen der belebenden Wirkung sollten Sie auf Ingwer in Schlaf- und Entspannungstees verzichten.

HEILWIRKSAME PFLANZEN MIT ÄTHERISCHEN ÖLEN UND BLÜTEN:

Diese Pflanzenteile werden mit heißem Wasser überbrüht. Dazu geben Sie die angegebene Menge der Heilpflanze in eine Tasse oder Kanne, gießen mit heißem Wasser auf und lassen sie zugedeckt (!) 3–10 Min. ziehen (so gehen die ätherischen Öle nicht verloren). Dann werden die Kräuter abgesiebt und der Tee (Aufguss) ist genussfertig.

HEILWIRKSAME PFLANZEN MIT SCHLEIMHALTIGEN INHALTSSTOFFEN:

Für einen Tee aus Eibisch, Malve oder Spitzwegerich geben Sie die zerkleinerten Pflanzenteile in eine Tasse kaltes Wasser und lassen sie darin 1–5 Stunden ziehen, dabei immer wieder umrühren. Danach erwärmen Sie den Tee (Kaltwasserauszug) nur leicht und sieben ihn vor dem Genuss ab.

HEILWIRKSAME WURZELN:

Für einen Tee aus schwer löslichen Pflanzenteilen geben Sie die zerkleinerten Wurzeln in einen Topf, gießen die entsprechende Menge kaltes Wasser hinzu und bringen ihn langsam zum Sieden. Nach bis zu 30 Min. Kochen lassen Sie den Tee (Abkochung, Dekokt) noch ein paar Minuten ziehen, dann absieben.

GRUNDREZEPT: HEILWIRKSAMER SAFT UND SIRUP

Viele Heilpflanzen, wie etwa die Blätter von Gundermann und Spitzwegerich, enthalten heilwirksame Pflanzensäfte, die Sie direkt auf betroffene Hautstellen geben können.

Frischen Presssaft erhalten Sie, wenn Sie mehrere Blätter miteinander verknoten und diesen Knoten so lange kräftig reiben, bis der Saft austritt. Oder Sie zerkleinern die Pflanzen mit einem Pürierstab und pressen sie dann mit einem Baumwoll- oder Leinentuch aus.
Verwenden Sie Presssäfte stets nur ganz frisch.

HUSTENHONIG UND HUSTENSIRUP:

Mit Honig und hustenlindernden Pflanzen (siehe Karte 7) erhalten Sie süße, heilwirksame Hustenmittel, die wegen der konservierenden Wirkung des Honigs mehrere Wochen haltbar sind. Am besten verwenden Sie dazu einen dünnflüssigen Honig wie etwa Akazienhonig. Löffelweise einnehmen.

REZEPT HUSTENHONIG:

Raspeln Sie Meerrettich oder Knoblauch in grobe Stücke und bedecken sie mit ungefähr der doppelten Menge Honig, über Nacht ziehen lassen. Dann Pflanzenteile entfernen – fertig ist der Hustenhonig.

REZEPT HUSTENSIRUP:

Schichten Sie abwechselnd je eine 1 cm dicke Lage Honig und klein geschnittene Blüten von Schlüsselblumen und Gänseblümchen, später im Jahr ergänzen Sie Blätter von Spitzwegerich, Thymian und Blüten von Königskerzen in einem Schraubglas, die letzte Schicht ist stets Honig, zuschrauben. Stellen Sie das Glas nach jedem Füllen zurück auf die sonnige Fensterbank; achten Sie darauf, dass alle Pflanzenteile stets gut mit Honig bedeckt sind. Nach der letzten Füllung lassen Sie den Sirup noch 2 Wochen ziehen, dann die Pflanzenteile absieben und Sirup in ein sauberes Gefäß umfüllen. Wirkt teelöffelweise genommen oder in Tee eingerührt heilend.

TIPP: Diesen Sirup am besten immer frisch im Frühjahr ansetzen, damit er zur kommenden Erkältungssaison im Herbst bereitsteht.

GRUNDREZEPT: HEILWIRKSAME BONBONS

Wenn der Hals kratzt und juckt, das Schlucken schmerzt, die Stimme heiser ist und Husten reizt – dann wirkt ein Bonbon mit heilenden Pflanzenwirkstoffen lindernd. Hals- und Hustenbonbons können Sie ganz einfach selbst machen. Je nach der gewünschten Wirkung wählen Sie eine passende Heilpflanze aus (siehe Karte 7).

HEILPFLANZEN FÜR BONBONS:

- **Hustenreizlindernd:** Holunderblüte, Malve, Thymian, Spitzwegerich
- **Schleimlösend:** Ingwer, Salbei, Thymian
- **Entzündungshemmend:** Pfefferminze
- **Beruhigend:** Zitronenmelisse, Lavendel

REZEPT BONBONS:

Sie brauchen dazu:
100 g Zucker
2 EL frische oder 1 EL getrocknete Heilkräuter, sehr klein geschnitten

❶ Lassen Sie den Zucker in einem Topf langsam flüssig werden. Vorsicht! Der Zucker wird dabei sehr heiß!

❷ Wenn der flüssige Zucker leicht hellbraun ist, nehmen Sie den Topf vom Herd und rühren die trockenen, klein geschnittenen Kräuter unter. Sie dürfen nicht feucht sein!

❸ Mit einem Löffel geben Sie bonbongroße Tropfen der Zucker-Kräuter-Masse auf Backpapier oder in eine Bonbon-Silikon-Form.

❹ Die noch warmen Bonbontropfen können Sie so belassen oder in den Handflächen zu Kugeln rollen.

❺ Sobald die Bonbons erkaltet sind, in ein geschlossenes Gefäß geben.

TIPP: Zuckerfreie Variante: Anstatt Zucker können Sie auch Birkenzucker (Xylitol) verwenden.

GRUNDREZEPT: HEILWIRKSAME SALBE UND BALSAM

Wählen Sie für die Herstellung von Salbe und Balsam hochwertige Zutaten aus, heilwirksame Pflanzen von bester Qualität (aus dem eigenen Garten oder aus dem ökologischen Bioanbau sowie kaltgepresste Pflanzenöle aus kontrolliert biologischem Anbau). Ihr Körper sollte Ihnen dies wert sein.

KRÄUTER FÜR SALBEN UND BALSAM:

Wundheilsalbe: Ringelblumen, Johanniskraut, Sonnenhut, Beinwellwurzeln

Erkältungssalbe zum Einreiben der Brust: Fenchelfrüchte, Thymian, Wacholderbeeren, Fichtennadeln

BALSAM UND ÖLAUSZUG:

Für einen Balsam ersetzen Sie das Öl durch Fichten- oder Kiefernharz, das beim Erwärmen im Topf flüssig wird.

Für einen warmen Ölauszug verzichten Sie auf das Unterrühren von Bienenwachs und füllen ihn in ein sauberes Gefäß ab. Sie können aber auch die trockenen, zerkleinerten Kräuter in eine Flasche geben und mit Pflanzenöl auffüllen; dabei müssen alle Kräuterteile von Öl bedeckt sein; an einem sonnigen Platz mindestens 6 Wochen ziehen lassen, dann Kräuter absieben.

REZEPT SALBE:

Sie brauchen dazu:
100 ml Pflanzenöl (Olivenöl, Sonnenblumenöl)
20 g frische oder 10 g getrocknete Kräuter, sehr klein geschnitten
10 g Bienenwachs

❶ Geben Sie die trockenen Kräuter zum Pflanzenöl in einen Topf und erwärmen es sanft auf ungefähr 70 °C.

❷ Lassen Sie nun die Kräuter in diesem warmen Öl ziehen, dabei rühren Sie stets sanft um: Ringelblüten und andere Blüten 10 Min. lang, Wurzelstücke, etwa von Beinwell, bis zu 1 Std.

❸ Gießen Sie dann die Öl-Kräuter-Mischung in ein mit einem sauberen Baumwoll- oder Leinentuch ausgelegtes Sieb, pressen Sie die Kräuter gut aus.

❹ Füllen Sie anschließend das Öl in einen sauberen Topf, und rühren Sie unter sanftem Erwärmen das Bienenwachs unter.

❺ Wenn das Wachs geschmolzen ist, nehmen Sie den Topf vom Herd und rühren noch ein paar Minuten sanft weiter, bevor Sie die Salbe in saubere Salbendöschen füllen.

GRUNDREZEPT: HEILWIRKSAME TINKTUR

In einer Tinktur sind die heilwirksamen Inhaltsstoffe konzentrierter als in einem Tee. Dadurch werden Tinkturen meist nur tropfenweise verabreicht – und dementsprechend am besten in ein kleines Tropffläschchen abgefüllt. Durch den Gehalt an Alkohol sind Tinkturen auch für längere Zeit konserviert – je nach den enthaltenen Pflanzen können sie innerlich und äußerlich angewendet werden. Ein Nachteil: Tinkturen sind nichts für Kinder.

REZEPT TINKTUR:

Sie brauchen dazu:
50 g frische oder 25 g getrocknete Heilkräuter, zerkleinert
150 ml Alkohol (Kornbranntwein oder Wodka)

❶ Geben Sie die trockenen Kräuter in ein Schraubdeckelglas und füllen mit dem Alkohol auf.

❷ Verschließen Sie das Glas fest.

❸ Während der nächsten 3 Wochen schütteln Sie das verschlossene Glas mehrmals täglich kräftig durch.

❹ Dann schütten Sie den Inhalt des Glases durch einen Filter (z.B. Kaffeefilter oder feines Baumwoll- oder Leinentuch) und pressen die Pflanzen gut aus.

❺ Füllen Sie die Tinktur nun in ein Tropffläschchen oder dunkles Glasgefäß; hält verschlossen im Kühlschrank für etwa 6 Monate.

✳ ✳ | APR–MAI | ↑ bis zu 15 m

APFEL (MALUS DOMESTICA)

»One apple a day keeps the doctor away« spricht für den hohen Gesundheitswert der Äpfel, die schon Hildegard von Bingen zur Kräftigung und Stärkung empfahl. Äpfel enthalten reichlich Mineralstoffe sowie die Vitamine A, B und C, den höchsten Gehalt findet man in den Schalen.

- Fein geriebener Apfel hilft gegen Durchfall, da die enthaltenen Pektine die Darmtätigkeit regulieren.
- Apfelessig als Spülung macht Haare glänzend und erfrischt im Fußbad.
- Apfelbrei wirkt durch Pektine und Fruchtsäuren als straffende, reinigende Gesichtsmaske.

Apfelbäume sind recht anspruchsvoll. Sie brauchen einen halbschattigen bis sonnigen, vor Wind und Spätfrösten geschützten Platz mit tiefgründigem, humosem Boden, den Sie bei Trockenheit durchdringend wässern. Im Winter wird die Krone von Anfang an fachgerecht zurückgeschnitten, der Boden mit Kompost gedüngt.

Es gibt eine riesige Auswahl an Sorten, unter denen Sie in Ihrer regionalen Baumschule eine für Ihren Garten passende wählen. Da Apfelbäume selbst unfruchtbar sind, brauchen sie einen Bestäuberbaum – dafür eignet sich eine passende Sorte oder der wilde Holzapfel. Für die Kultur in Gefäßen auf Balkon und Terrasse gibt es Säulen- und Zwergapfelbäume.

ERNTE: Äpfel sind erntereif, sobald sich der Stiel ganz leicht bei drehenden Bewegungen vom Ast löst.

TIPP: Äpfel der Schweizer Sorte »Uttwiler Spätlauber« enthalten Stammzellen, die die Lebensdauer der menschlichen Hautstammzellen verlängern und dadurch die Haut verjüngen.

✳✳ | APR–JUN | ↑ bis zu 2 m

HEIDELBEERE (VACCINIUM MYRTILLUS, V. CORYMBOSUM)

Die heimischen, wilden Heidelbeeren spielen seit Menschengedenken eine wichtige Rolle. Heutzutage werden bei uns meist Kulturheidelbeeren angebaut, deren vitaminreiche Beeren ebenfalls heilend wirken.

Frische Beeren sind in größeren Mengen abführend, fördern alle Leistungen des Gehirns und mindern das Krebsrisiko. Durch den Gehalt an Anthocyanen wirken sie Zellschädigungen entgegen.

Getrocknete Beeren hingegen helfen sehr gut bei Durchfall, ebenso ungesüßter Heidelbeersaft sowie ein ungesüßter Tee aus 1–2 EL getrockneten Beeren, die Sie mit einer Tasse Wasser 10 Min. lang kochen lassen.

Die wilden Heidelbeeren sind bis zu 50 cm hohe, dichte Büsche, die gezüchteten Kulturheidelbeeren wachsen an hüfthohen Büschen; aus den hübschen Glöckchenblüten entwickeln sich erbsengroße Früchte. Heidelbeeren, auch Blaubeeren genannt, brauchen einen sandig-sauren, lockeren Boden ohne Staunässe – pflanzen Sie sie daher am besten einzeln in ein großes Pflanzgefäß mit spezieller Moorbeet- oder Rhododendronerde. Im Garten versenken Sie dieses einfach am sonnigen bis halbschattigen Platz im Erdboden. Die Erde decken Sie mit Nadelholz-Rindenmulch oder Nadelstreu ab, durch regelmäßiges Gießen stets leicht feucht halten, im April mit Rhododendrondünger düngen. Alle 4–5 Jahre schneiden Sie alte Triebe mit wenig Blüten bodennah ab.

ERNTE: Die Heidelbeeren reifen nach und nach über mehrere Wochen heran, pflücken Sie jeweils die reifsten.

ACHTUNG! Vor allem die wilden Heidelbeeren enthalten reichlich Anthocyane, die Zunge, Zähne, Haut und Kleidung hartnäckig blau färben.

TIPP: Kulturheidelbeeren tragen mehr Früchte, wenn Sie zwei Büsche nebeneinanderstellen.

✳ | MAI–JUL | ↑ bis zu 2 m

HIMBEERE (RUBUS IDAEUS)

Neben den mineralstoff- und vitaminreichen Früchten sind vor allem die Blätter dank ihres Gehalts an Gerbstoffen, Flavonoiden und Vitamin C für ihre heilsamen Wirkungen bekannt. Pflücken Sie dazu unbeschädigte Blätter an den Triebspitzen, die Sie frisch verwenden oder für den späteren Gebrauch trocknen oder einfrieren können. Fermentierte Blätter schmecken so ähnlich wie Schwarztee.

Tee aus Blättern (2 TL pro Tasse, 10 Min. ziehen lassen), ungesüßt, hilft bei leichtem Durchfall und erleichtert die Geburt, wenn er in den letzten Schwangerschaftswochen getrunken wird.

Gurgeln mit Tee (2 TL getrocknete, fein zerschnittene Blätter pro Tasse, 5 Min. ziehen lassen) lindert Entzündungen im Mund- und Rachenraum.

Verdünnter Himbeersirup ist ein angenehmes Getränk bei Fieber.

Himbeeren sind heimische Sträucher, die häufig an Wald- und Wegrändern, Hängen und im Wald wachsen. Für die Kultur im Garten stehen einmaltragende Sommer- und zweimal im Jahr tragende Herbsthimbeeren in vielen Sorten zur Auswahl: Wählen Sie Herbsthimbeeren, die kein Rankgerüst benötigen und viel leichter anzubauen sind, auch in einem großen Pflanzgefäß (mit 5 cm hoher Drainageschicht aus Kies am Boden) auf Balkon und Terrasse. Himbeeren gedeihen an sonnigem bis halbschattigem Platz. Den Boden mit Laub mulchen, gründlich gießen, im Frühjahr mit Beerendünger düngen und die Hälfte der Triebe dicht über dem Boden abschneiden.

ERNTE: Ab Sommer täglich reife Früchte vorsichtig ernten, Blätter von Frühjahr bis Herbst.

☀	JUL–SEP	↑ 30–60 cm

ECHTER LAVENDEL (LAVANDULA ANGUSTIFOLIA)

Die an ätherischen Ölen reichen Lavendelblüten wirken beruhigend und entspannend – und wecken die Erinnerung an die violetten, duftenden Blütenmeere der Provence.

Tee aus Lavendelblüten lindert Kopfschmerzen, Unruhezustände, Erschöpfung, Blähungen und Übelkeit – und hilft auch am Morgen nach einem Kater.

Wegen seiner keimtötenden Wirkung können Sie den Tee auch als Gurgelwasser verwenden.

Guten Schlaf spendet ein mit Lavendelblüten gefülltes Kräuterkissen.

Wenn Sie unter Stress stehen, geben Sie ein paar Tropfen Lavendelöl auf ein Taschentuch und atmen den Duft ein.

Lavendel ist ein aus dem Mittelmeerraum stammender Halbstrauch. Im Garten gedeiht er gut in magerem Boden ohne Staunässe am windgeschützten, warmen Platz, etwa vor einer Südwand. Nur am vollsonnig heißen Platz entfaltet der immergrüne Lavendel seinen vollen Duft. In rauen Gegenden braucht Lavendel einen Winterschutz, decken Sie ihn vor den Frösten mit Reisig zu. Auch in Pflanzgefäßen fühlt sich Lavendel wohl – um Staunässe zu verhindern, achten Sie auf eine Drainageschicht am Topfboden. Mäßig gießen, und im Herbst nach der Blüte zurückschneiden. Dieses Schnittgut aus abgeblühten Blütenständen und Blättern füllen Sie in kleine Wäschebeutelchen als Kräuterkissen oder Mottenkissen für den Wäscheschrank oder verwenden es als Duftpotpourri.

Für Garten und Kübelkultur gibt es zahlreiche Sorten mit rosa bis dunkelvioletten Blüten.

ERNTE: Blüten von Juni bis August, bevor sie völlig entfaltet sind.

TIPP: Schon die Römer gaben bei angespannten Nerven, leichten Kreislaufstörungen und um besser einschlafen zu können beruhigende Lavendelblüten ins Badewasser: 1 Handvoll Blüten mit 1 Liter heißem Wasser übergießen, 10–15 Minuten ziehen lassen und abgeseiht ins Badewasser geben.

✳ | JUN–JUL | ↑ bis zu 40 m

LINDE (TILIA CORDATA, T. PLATYPHYLLOS)

Die Blütenstände der Linden sind dank ihrer reizmildernden, schweißtreibenden Inhaltsstoffe ein bekanntes Heilmittel bei Erkältungskrankheiten. Zudem aktivieren diese die körpereigenen Abwehrkräfte.

Lindenblütentee (1 TL Lindenblüten pro Tasse, 10 Min. ziehen lassen) wirkt schweißtreibend, fiebersenkend, schleimlösend bei Erkältungen, Schnupfen, Husten und Grippe.

Lindenblütentee können Sie auch zur Beruhigung ins Badewasser geben.

Ein in Lindenblütentee getauchter Wattepad lindert als Kompresse müde Augen und Hautjucken.

Linden sind für die meisten Gärten viel zu groß, wachsen aber sicherlich in Ihrer Nähe – auch weil die stattlichen Linden gern in Städten und Parks gepflanzt werden. Sehr ähnlich sehen die heimische Sommer- und Winterlinde aus, während die Silber-Linde (T. tomentosa) an den silbrigen Blattunterseiten zu erkennen ist.

Im Juni und Juli verströmen die gelblich weißen Blüten einen intensiven Duft, im September erscheinen die nicht genutzten rundlichen erbsengroßen Nussfrüchte.

ERNTE: Sammeln Sie die Lindenblüten NUR von Sommer- und Winterlinde mitsamt den Hochblättern kurz nachdem sie aufgeblüht sind. Dann ist der Gehalt an Wirkstoffen am höchsten. Zum Trocknen breiten Sie das Sammelgut locker an einem luftigen, schattigen, trockenen Ort aus und bewahren es trocken und luftdicht verschlossen in einem Glasbehälter auf.

WICHTIG! Keine Blüten von Silber-Linden sammeln, denn sie ergeben einen unangenehm schmeckenden Tee!

✻	APR–MAI	↕ 1–6 m

SANDDORN (HIPPOPHAE RHAMNOIDES)

Die orangegelben, saftigen, sauren beerenartigen Steinfrüchte enthalten so viel Vitamin C – nämlich bis zu 1200 mg in 100 g Fruchtfleisch! –, dass sie auch die »Zitronen des Nordens« genannt werden.

Die auch an Vitamin A und E und fetten Ölen reichen Früchte stärken die körpereigenen Abwehrkräfte und helfen bei Erschöpfung und Frühjahrsmüdigkeit. Roh sind sie sehr sauer, daher werden sie rasch zu Saft oder Fruchtmus verarbeitet.

2 EL Sanddornsaft decken den täglichen Bedarf an Vitamin C ab.

Rotes Sanddornfruchtfleischöl pflegt die Haut und wirkt antiseptisch, entzündungshemmend und reizmildernd. Es fördert die Wundheilung und lindert einen leichten Sonnenbrand.

REZEPT SANDDORNSAFT:
1,5 kg Früchte mit 250 ml Wasser 15 Minuten lang köcheln lassen, durch ein Sieb passieren, mit Honig süßen, heiß in Flaschen abfüllen.

REZEPT HAUTPFLEGEÖL:
Mischen Sie 2 ml Sanddornfruchtfleischöl (im Handel erhältlich) unter 50 ml Mandel- oder Sesamöl.

Der deutsche Name Sanddorn weist auf zwei Eigenschaften hin: Er mag Sandböden und besitzt lange Dornen! Natürlicherweise kommt dieser sparrige, sonnenliebende heimische Strauch mit den schmalen silbrigen Blättern in Gebirgstälern, Dünen und Feldrainen vor. Im Garten wünscht der robuste, frostharte Sanddorn einen vollsonnigen Platz in nährstoffarmem Boden. Da er empfindlich auf Trockenheit reagiert, sollten Sie ihn regelmäßig gießen. Dafür kommt er bestens mit Stadtklima, Wind, Hitze, Kälte und auch Salzeintrag zurecht. Wegen der langen Dornen ist er ungeeignet für die Kultur im Pflanzgefäß auf Balkon und Terrasse.

ERNTE: September/Oktober, bevor die Früchte vollreif sind und ranzig riechen; zum Schutz Handschuhe tragen.

WICHTIG! Sanddorn ist zweihäusig: Da die männlichen und weiblichen Blüten auf verschiedenen Pflanzen wachsen, müssen Sie beide im Garten pflanzen!

☀	JUN–JUL	↑ 2–7 m

SCHWARZER HOLUNDER (SAMBUCUS NIGRA)

Sowohl die duftenden Blüten als auch die dunklen Beeren sind für ihre heilsamen Wirkungen bei Erkältungen und zur Stärkung der Abwehrkräfte bekannt.

Holunderblütentee (1 TL getrocknete Blüten pro Tasse, 10 Min. ziehen lassen, mit Honig oder Sanddornsirup süßen) lindert Erkältungen und Husten, wirkt schweißtreibend und fiebersenkend.

Mit Lindenblütentee können Sie auch gurgeln, ihn in ein Fuß- oder Vollbad geben oder einen darin getränkten Wattepad als Kompresse bei müden Augen anwenden.

Holunderblütentee mildert auch Heuschnupfen!

Holunderbeerensaft stärkt heiß getrunken das Immunsystem, lindert Husten und Heiserkeit – auch vorbeugend.

Früher stand ein Schwarzer Holunder auf jedem Hof, denn im alten Volksglauben sollte dieser heilige heimische Strauch das Anwesen vor Unheil schützen. Im Garten wünscht er einen sonnigen bis halbschattigen Platz. Er ist robust, anspruchslos, pflegeleicht, frosthart und verträgt Trockenheit, Wind und Stadtklima. Als kleiner Baum kultiviert benötigt er weniger Platz als in Strauchform und entwickelt zudem mehr Blüten und Früchte. Alle 4–5 Jahre sollte Schwarzer Holunder kräftiger zurückgeschnitten werden.

ERNTE: Blüten im voll entfalteten Zustand im Mai/Juni, tiefschwarze Beeren bei Vollreife im August/September (grünliche und rötliche sind unreif, hängen lassen)

REZEPT HOLUNDERBEERENSAFT:
1,5 kg Holunderbeeren ohne Stiele mit 250 ml Wasser erhitzen, dann abgekühlt zum Entsaften durch ein Tuch pressen, Saft nach Geschmack süßen und in heiß ausgespülte Flaschen abfüllen.

ACHTUNG! Die säurearmen, vitaminreichen Früchte können beim rohen Verzehr Durchfall und Erbrechen auslösen, Erhitzen zerstört die leicht giftigen Glykoside. Daher sollten Sie die Früchte nicht roh, sondern nur nach dem Erhitzen als Saft u. Ä. genießen.

✳ | MAI–OKT | ↑ bis zu 40 cm

ECHTER THYMIAN (THYMUS VULGARIS)

Dank dem ätherischen Öl Thymol verströmt Thymian an heißen Tagen einen intensiv-würzigen Duft. Thymian enthält schleimlösende, auswurffördernde und krampflindernde Inhaltsstoffe, die Erkältungen und Bronchitis lindern. Thymol wirkt zudem keimtötend.

Thymiantee (1–2 TL pro Tasse, 5–8 Min. ziehen lassen) lindert Husten, erleichtert das Abhusten und löst krampfhafte Hustenanfälle bei Reiz- und Keuchhusten. Er hilft auch bei Magen-Darm-Beschwerden.

Gurgeln mit Thymiantee wirkt keimtötend und geruchshemmend, auch als Mundwasser geeignet.

Für ein beruhigendes, nervenstärkendes Bad geben Sie Thymiantee aus 100 g Kraut in 1 Liter Wasser, 10 Min. ziehen lassen, ins Badewasser geben. Tut auch bei Erkältungen gut.

Unermüdlich blüht der immergrüne, reichästige, aus dem Mittelmeerraum stammende Zwergstrauch im Kräuter- und Steingarten, er gedeiht auch in Pflanzgefäßen auf Balkon und Terrasse. Thymian wünscht einen warmen Platz in der vollen Sonne auf locker-trockenem, auch steinigem Boden. Er ist anspruchslos und pflegeleicht, reagiert nur empfindlich auf zu viel Nässe oder gar Staunässe.

Auch im Garten entfaltet Thymian seine heilsame Wirkung: Dazu legen Sie an einer vollsonnigen Stelle einen duftenden, begehbaren »Rasen« aus Thymian an. Auf diesem teppichartigen, aromatisch duftenden Polster können Sie ruhen und sich bestens entspannen.

ERNTE: Juni bis Oktober während der Blüte, Blüten und Kraut mit der Schere abschneiden, Wurzeln nicht ausreißen!

✳ ✳ | JUN–JUL | ↑ bis zu 10 m

WEINREBE (VITIS VINIFERA)

Während die vitamin- und mineralreichen Trauben frisch oder als Rosinen dank reichlich Kalium die Nerven stärken, werden die Blätter als Umschlag schon sehr lange gegen geschwollene, schmerzende Beine verwendet.

Tee (1 TL rote getrocknete Blätter pro Tasse, 5–10 Min. ziehen lassen) wirkt entzündungshemmend, antimikrobiell und antibakteriell, positiv auf Blut und Gefäßwände.

Als Aufguss, Umschlag, Salbe oder Creme helfen Weinblätter bei Besenreisern, Krampfadern und geschwollenen, schmerzenden, kribbelnden oder juckenden Beinen.

Für ein warmes, nicht heißes (!) Fußbad geben Sie 5 TL getrocknete Blätter auf 1 Liter kochendes Wasser, 5–10 Min. ziehen und vor der Verwendung abkühlen lassen.

Trockener Rotwein enthält antioxidativ wirkende Inhaltsstoffe, daher schützt er in Maßen zu sich genommen ebenso vor Herz-Kreislauf-Erkrankungen wie das Einstellen des Rauchens.

Die Weinrebe gehört zu den ältesten Kulturpflanzen, die mit ihren verzweigten Ranken an stabilen, vor Wänden, Mauern und Pergola angebrachten Rankgerüsten oder Spalieren (mit 15–20 cm Abstand zur Wand) emporklettern. Da sie sehr wärmeliebend ist, gedeiht sie am besten in Gebieten mit Weinbauklima oder an warmen, geschützten, windstillen, nach Süden ausgerichteten Plätzen. Auch für die Kultur im großen Kübel auf Balkon und Terrasse ist sie geeignet, sofern ihr auch dort ein Rankgerüst zur Verfügung steht. Wählen Sie in einer regionalen Baumschule eine frostharte, pilzresistente Sorte, deren Blätter sich im Herbst rot verfärben – nur diese zeichnen sich durch ihre heilsame Kraft aus.

Die Weinrebe verträgt Trockenheit, aber keine Staunässe. Für reichliche Ernten müssen Weinreben jährlich kräftig zurückgeschnitten und 80–90 % der einjährigen Triebe entfernt werden.

ERNTE: Im Herbst vollreife Früchte ernten sowie die sich gerade rot verfärbenden Blätter (ausgebreitet trocknen lassen).

TIPP: Essen Sie Rosinen, wenn Sie sich geschwächt fühlen – die enthaltenen Fruchtzucker nimmt der Körper rasch als Energiespender auf.

✳ | MAI–AUG | ↑ bis zu 1,5 m

ECHTER BALDRIAN (VALERIANA OFFICINALIS)

Die gelbbraunen Wurzeln enthalten ätherische Öle, Valepotriaten, Valerensäure und andere Substanzen, die als mildes Heilmittel einen beruhigenden, krampflösenden, schmerzstillenden, blutdrucksenkenden und verdauungsfördernden Effekt haben – und dies, ohne müde zu machen.

Tee (1 TL getrocknete Wurzeln pro Tasse, 10–15 Min. ziehen lassen) können Sie bei Nervosität, Stress, Einschlafstörungen, nervösen Herzbeschwerden und krampfartigen Schmerzen im Magen-Darm-Trakt trinken. Zum Aromatisieren ergänzen Sie Pfefferminze oder Hibiskusblüten, im Schlaftee Hopfenzapfen. Getrocknete Baldrianblüten dienen als Füllung für ein Schlaf- oder Entspannungskissen.

REZEPT BERUHIGENDES VOLLBAD:
100 g Baldrianwurzel mit 2 Liter kochendem Wasser übergießen, 15 Min. ziehen lassen, dann abseihen und Flüssigkeit dem Badewasser (Temperatur 37 °C) zusetzen, ca. 15 Min. darin ruhen und danach ins vorgewärmte Bett legen.

Der heimische Baldrian wächst am Ufer, auf feuchten Wiesen und in Wäldern. Im Garten wünscht er einen sonnigen bis halbschattigen Platz, wo er sich aufgrund seiner Höhe besonders dekorativ vor Sträuchern oder als Hintergrund von Wildblumenbeeten macht. Gemäß seines natürlichen Vorkommens sollte der Boden eher feucht sein, darum passt Baldrian auch gut an einen Gartenteich. Auch im Pflanzgefäß auf Balkon und Terrasse gedeiht diese alte Heilpflanze, regelmäßig gießen und im Frühjahr mit Kompost düngen. Baldrian ist anspruchslos, pflegeleicht und winterhart. Er breitet sich durch kurze Wurzelausläufer aus und sät sich auch leicht selbst aus – wundern Sie sich darum nicht, wenn Baldrian an neuen Stellen auftaucht.

ERNTE: Wurzelstock im Herbst ausgraben, wenn die Blätter absterben.

TIPP: Wer unter Prüfungsängsten leidet, sollte auf Baldrian setzen: Tagsüber beruhigt und entspannt er, ohne schläfrig zu machen, steigert die Konzentrations- und Leistungsfähigkeit und hebt die Laune! Abends fördert Baldrian guten Schlaf, leichtes Ein- und Durchschlafen.

✳ | MAI–SEP | ↑ 40–100 cm

BEINWELL (SYMPHYTUM OFFICINALE)

Beinwell heilt nach Sportunfällen, denn seine Wurzeln haben unter den Pflanzen den höchsten Gehalt an wundheilungsförderndem Allantoin. Allerdings gilt es zu beachten, dass vor allem die Wurzeln geringe Menge an leberschädigenden Pyrrolizidinalkaloiden (PA) enthalten. Daher dürfen Beinwellmittel nicht von Schwangeren, stillenden Müttern und Kindern unter 2 Jahren angewendet werden. Besorgen Sie sich am besten Fertigpräparate oder homöopathische Zubereitungen.

Tragen Sie Beinwellpräparate nur auf unverletzten, intakten Hautstellen auf, höchstens 4–6 Wochen pro Jahr anwenden!

Umschläge und Salben aus den Blättern oder Wurzeln helfen bei Blutergüssen, Prellungen, Quetschungen, Zerrungen und Verstauchungen und regen die Knochenheilung an. Auch Sehnen-, Gelenk- und Muskelschmerzen werden durch Beinwell gelindert.

REZEPT BEINWELLUMSCHLAG:
100 g klein geschnittene Beinwellwurzeln in 1 Liter Wasser geben, 10 Min. kochen, dann abseihen und warm für einen Umschlag verwenden – nur auf unverletzter Haut!

Nasse Wiesen, Ufer von Gewässern, feuchte Auwälder, Gräben und Wegränder mit nährstoffreichem Boden sind Plätze, an denen der heimische Beinwell wächst. Der kräftige Pfahlwurzelstock ist innen schleimig-weich. An sonnigen bis halbschattigen Plätzen gedeiht der hübsche Beinwell auch in Ihrem Garten, ebenso in Pflanzgefäßen auf Balkon und Terrasse. Versorgen Sie den anspruchslosen, pflegeleichten und winterharten Beinwell mit ausreichend Wasser, im Frühjahr düngen Sie ihn organisch mit Kompost. Beinwell neigt an gut gelegenen Stellen zum Wuchern – durch das regelmäßige Entfernen der Wurzeln beim Ernten können Sie ihn in Schach halten.

Die Beinwellzüchtung (*Symphytum x uplandicum*) Bocking No. 14 besitzt den höchsten Allantoingehalt.

ERNTE: Blätter von Frühjahr bis Herbst, Wurzel im Februar/März oder Oktober ausgraben und abschneiden, das geht am besten in feuchtem Boden nach Regentagen.

✳ | JUL–OKT | ↑ 30–150 cm

GROSSE BRENNNESSEL (URTICA DIOICA)

Wenn im Frühjahr die Brennnesseln frisch austreiben, ist es Zeit für eine reinigende Frühjahrskur. 100 g Brennnesseln enthalten 1100 mg Vitamin C, als Frischpflanzenpresssaft oder im Smoothie stärken sie die Abwehrkräfte und vitalisieren bei Frühjahrsmüdigkeit.
Ein harntreibender Tee (1–2 TL Blätter pro Tasse, 5–10 Min. ziehen lassen) spült Niere und Blase durch, lindert Rheumatismus, reinigt das Blut und entgiftet den Körper.
Eine Tinktur beugt Prostataleiden vor, fördert die Durchblutung und verbessert den Stoffwechsel.

REZEPT HAARWASSER GEGEN SCHUPPEN, HAARAUSFALL UND FETTIGE HAARE:

50 g getrocknete Brennnesselwurzeln mit 500 ml Obstessig am sonnigen Platz ziehen lassen, ab und zu schütteln, nach 3 Wochen abseihen, in dunkle Flasche abfüllen und Kopfhaut nach dem Haarwaschen massieren.

An Wegrändern mit stickstoffreichem Boden bildet die Brennnessel schnell größere Bestände – dies geschieht auch in Ihrem Garten. Um dem Ausbreiten vorzubeugen, kultivieren Sie Brennnesseln unbedingt in einem großen Pflanzgefäß, das Sie in der Erde versenken oder auf Balkon und Terrasse an einen sonnigen bis halbschattigen Platz stellen können. Die heimische Brennnessel ist anspruchslos, pflegeleicht und winterhart. Regelmäßig gießen und im Frühjahr mit Kompost düngen.

ERNTE: Blätter März/April, später nur die obersten 4–6 Blätter einer Pflanze, Wurzeln (Rhizome) im Oktober oder März, zum Schutz Handschuhe tragen.

ACHTUNG! Die Stängel und die spitz zulaufenden Blätter sind mit langen Brennhaaren besetzt, die bei Berührung abbrechen und eine brennende, histaminhaltige Substanz in die Haut injizieren. Zum Lindern geben Sie den Saft von ausgepressten Spitzwegerich- oder Gundermannblättern auf die betroffenen Stellen. Die Brennhaare werden beim Kochen und Trocknen zerstört oder wenn Sie die Blätter unter fließendes Wasser halten.

✳ | MAI–AUG | ↑ 15–50 cm

Echte Kamille (Matricaria recutita)

Die Blütenköpfchen enthalten Substanzen, die innerlich und äußerlich Entzündungen hemmen, Krämpfe und Schmerzen lindern, Wundheilung fördern, antiseptisch wirken und beruhigen.

Kamillentee aus frischen oder getrockneten Blütenköpfen (1–2 TL pro Tasse, 7 Min. ziehen lassen, mit Honig süßen) lindert Magen-Darm-Beschwerden. Gurgeln mit Kamillentee hilft bei Zahnfleischentzündungen. Inhalieren der heißen Dämpfe wirkt bei unreiner Haut oder Erkältungen.

Äußerlich können Sie Tee, Tinktur (verdünnt) oder ätherisches Öl als Auflage, Kompresse, Spülung oder Badezusatz bei Wunden (auch entzündeten oder schlecht heilenden) anwenden, ebenso wirkt Einreiben mit Salbe.

Echte Kamillen, deren Blütenköpfchen den duftlosen Wirkstoff Chamazulen, ätherische Öle und Falvonoide enthalten, gehören seit über 500 Jahren zu den wichtigsten Heilkräutern, die wild auf Getreidefeldern und Schuttplätzen, an Wegen und Straßenrändern wachsen. Sie erkennen sie an den aufgewölbten, hohlen Blütenkörbchen mit gelben Röhrenblüten und einem Kranz weißer Zungenblüten, die bald nach unten geschlagen werden und beim Zerreiben aromatisch duften. Die einjährigen Kamillen gedeihen im Kräutergarten und Blumenbeet, sie sind auch für kleine Gartenecken und für die Kultur im Pflanzgefäß auf Balkon und Terrasse geeignet. Am besten jährlich von März bis Mai an einer sonnigen, warmen Stelle auf humusreichem Boden aussäen, das Saatgut nicht mit Erde bedecken (Lichtkeimer), regelmäßig gießen.

ERNTE: Blüten und Kraut fortlaufend im ganzen Sommer, am besten Blütenköpfe mit abgesenkten weißen Zungenblüten wählen und sanft trocknen, dazu Blütenköpfe locker und mit genügend Luft dazwischen im Schatten auslegen.

☀ | JUN–OKT | ↑ 60–150 cm

ECHTER EIBISCH (ALTHAEA OFFICINALIS)

Die Wurzeln, Blüten und Blätter des Echten Eibischs, enthalten reizlindernde und sogar immunstimulierende Schleimstoffe.
Eibischtee (1 TL getrocknete Blätter pro Tasse, kalt ansetzen, 2 Std. ziehen lassen, dann leicht erwärmen, denn Hitze zerstört die Schleimstoffe) oder der bei Kindern beliebte Eibischsirup sind gut bei Entzündungen im Mund-Rachen-Raum, Reizhusten und leichten Schleimhautentzündungen im Magen-Darm-Trakt.
Gurgeln oder Spülen mit Eibischtee lindert Entzündungen in Mund und Rachen.
Getrocknete Eibischwurzel kauen Sie bei Halsschmerzen und Heiserkeit wie Kaugummi.
Ein Umschlag aus einem Brei aus zerquetschten Blättern oder Eibischtee als Badezusatz hilft bei Hautentzündungen.

Der buschige, reichblühende Echte Eibisch, ursprünglich in Südeuropa beheimatet, ist eine alte Heilpflanze der Klostergärten, sie gedeiht auf nährstoffreichem Boden an einem sonnig-warmen Platz, auch in einem größeren Pflanzgefäß (Kübel) auf Balkon und Terrasse. Regelmäßig gießen.

ERNTE: Blätter und Blüten Juni bis August, zum Trocknen locker auslegen, Wurzeln im Spätherbst

REZEPT EIBISCHSIRUP:
30 g grob zerkleinerte Eibischwurzeln in einen Kaffeefilter geben und mit einer Mischung aus 10 ml Branntwein und 450 ml Wasser übergießen, die aufgefangene Flüssigkeit (= Auszug) mehrfach erneut über die Wurzeln gießen – das Ganze wiederholen Sie etwa eine Stunde lang. Dann 400 ml des Eibischauszugs mit 600 g Zucker oder Honig aufkochen, heiß in Flaschen abfüllen. Nicht lange haltbar! Bei Husten 3–5mal täglich 1–2 Teelöffel einnehmen oder einen Tee mit dem Eibischsirup süßen.

✳ | JUL–OKT | ↑ bis zu 1,5 m

FENCHEL (FOENICULUM VULGARE)

Die Früchte des Fenchels enthalten verschiedene ätherische Öle wie Anethol und Fenchon, die für ihre harn- und blähungstreibenden, krampflösenden und auswurffördernden Wirkungen bekannt sind. Sie sind so mild, dass Fenchel auch Säuglingen und Kleinkindern verabreicht werden kann.

Ungesüßter Fencheltee (1 TL frisch zerstoßene Früchte pro Tasse, 10 Min. ziehen lassen) löst bei Blähungen Krämpfe, fördert die Verdauung und wärmt den Magen.

Mit Honig gesüßter Fencheltee löst Schleim bei Husten und Bronchitis, er wirkt keimhemmend.

Der zwei- bis mehrjährige Fenchel stammt aus dem Mittelmeerraum und wünscht im Garten sowie im Pflanzgefäß auf Balkon und Terrasse kultiviert einen sonnig-warmen Platz. Säen Sie ihn nach den Angaben auf dem Samentütchen in mit Kompost versorgte, lockere, humusreiche Erde aus; auch Vorziehen im zeitigen Frühjahr auf der Fensterbank oder im Frühbeet ist möglich. Regelmäßig gut mit Wasser versorgen, auf Schnecken achten (evtl. im Hochbeet mit Schneckenschutz anbauen). Fenchel blüht im zweiten Jahr – nach dem Verblühen der gelben schirmförmigen Blütendolden entwickeln sich daraus die heilwirksamen Fenchelfrüchte.

ERNTE: Im Hochsommer reife Dolden abschneiden, über einem Tuch ausklopfen und Früchte trocknen lassen.

TIPP: Besorgen Sie sich die Samen von besonders großfruchtigen Sorten des Fenchels.

✳	MAI–SEP	↑ 5–15 cm

GÄNSEBLÜMCHEN (BELLIS PERENNIS)

Gänseblümchen sind ein Wund- und Hustenkraut, das reichlich schleimlösende Saponine, verdauungsfördernde Gerb- und Bitterstoffe sowie wundheilende Schleimstoffe enthält.
Junge, frische Blätter und Blüten roh verzehrt sowie Gänseblümchentee (2 TL frische Blüten pro Tasse, 10 Min. ziehen lassen) regen den Stoffwechsel an und lösen verschleimten Husten.
Äußerlich angewendet wirkt Gänseblümchentee bei unreiner Haut.
Ein zerriebenes Blatt auf kleine Wunden oder Insektenstiche gelegt, lindert Schmerz und Juckreiz.

Das ganze Jahr über blühen Gänseblümchen auf Wiesen, Weide- und Rasenflächen sowie an Wegrändern in Parks und Gärten, sogar an schneelosen Tagen im Winter. Im sonnigen Rasen breiten sich die Gänseblümchen von selbst aus, denn die kleinen Früchte werden vom Wind verweht oder bleiben an Tierfüßen haften, Mähen macht den Gänseblümchen nichts aus. Auch auf Balkon und Terrasse gedeihen die anspruchslosen, frostharten Gänseblümchen problemlos. Hierfür werden meist die Sorten Maßliebchen oder Tausendschön verkauft – wählen Sie unbedingt die einfach gefüllten Pflanzen, nicht nur weil sie ökologisch wertvoller sind.

ERNTE: am besten Mai bis Juli, dann am gehaltvollsten

ACHTUNG! Pflücken Sie keine Gänseblümchen am Straßenrand oder von Plätzen, an denen die Pflanzen mit Hundekot, Pflanzenschutzmittel, mineralischem Dünger oder Ähnlichem belastet sein könnten.

☀ | APR–JUN | ↑ bis zu 20 cm

Gundermann (Glechoma hederacea)

Die gerb- und bitterstoffreichen Blätter werden traditionell bei verschiedenen Beschwerden des Magen-Darm-Trakts eingesetzt. Sie enthalten auch viel Vitamin C und unterstützen eine Frühjahrskur.

Tee aus jungen Blättern und milden Blüten (1–2 TL pro Tasse, 5 Min. ziehen lassen) regt Appetit und Verdauung an, hilft bei Durchfall und Magenverstimmungen.

Aufgrund seiner schleimlösenden Wirkung lindert Gundermanntee auch Husten und Atemwegserkrankungen, Gurgeln ist gut bei Entzündungen im Mund-Rachen-Raum.

Äußerlich können Sie diesen Tee als Badezusatz zur Wundheilung kleiner Verletzungen und bei Hauterkrankungen verwenden.

Ein Brei aus den Blättern (in 0,5 Liter Wasser gekocht) dient als Umschlag bei Hautausschlägen und Ekzemen.

Auf seinen wie Efeu kriechenden Wuchs weist der Artname hederacea des heimischen Gundermanns hin, der am Wegrand, unter Hecken und in vielen Gärten vorkommt, wo er auch im Winter ein Bodendecker unter Gehölzen ist, attraktiv an Zäunen entlangrankt oder von Mauern herabhängt. In Pflanzgefäßen wie Balkonkästen oder Blumenampeln hängt diese schnell wachsende Pflanze mit den hellvioletten Lippenblüten und den herzförmigen Blättern hübsch herab. Beim Verreiben verströmt sie wegen der reichlich enthaltenen ätherischen Öle einen strengen, herb-würzigen Duft. Der anspruchslose, pflegeleichte, robuste Gundermann gedeiht an sonnigen bis halbschattigen Plätzen, regelmäßig gießen.

ERNTE: blühende Triebe und Blätter April bis Juni

TIPP: Gundermann wächst meist auch dort, wo Brennnesseln stehen – das ist praktisch, denn der Saft der zerriebenen Gundermannblätter lindert Schmerzen und Quaddeln, wenn man sich an Brennnesseln verbrannt hat.

HOPFEN (HUMULUS LUPULUS)

Die »Hopfenzapfen« genannten reifen Fruchtstände enthalten ätherische Öle, Harze und Bitterstoffe wie Lupulon und Humulon, die beruhigend, entspannend und entkrampfend wirken, Ängste und Nervosität lösen und den Schlaf fördern. Sie sind in beruhigenden Tee-, Bade- und Seifenmischungen enthalten.

Hopfentee (2–3 TL Hopfenzapfen pro Tasse, 10 Min. ziehen lassen) lässt sie gut einschlafen.

Auch Räuchern der Schlafräume mit Hopfen wirkt nervenberuhigend.

REZEPT HOPFEN-SCHLAFKISSEN: Füllen Sie eine kleine Kissenhülle aus Seide, Baumwolle oder Leinen mit den trockenen Hopfenzapfen und verschließen Sie die offene Seite mit einem Klettverschluss. Alle zwei bis drei Wochen sollten Sie die Zapfen gegen neue austauschen, denn die beruhigenden Wirkstoffe verflüchtigen sich rasch. Wenn der Schlaf nicht kommen will, stecken Sie Ihre Nase ins Schlafkissen.

Hopfen ist eine attraktive heimische Schlingpflanze für den Garten, der Balkon- und Terrassengeländer, aber auch unansehnliche Wände und Ecken begrünt. Wild kommt er an feuchten Stellen in Gebüschen und Auwäldern vor, in einigen Gebieten wird Hopfen auf sandigen Böden für die Bierbrauerei angebaut. Jährlich treiben die bis zu 5 m langen oberirdischen Triebe aus dem unterirdischen Wurzelstock (Rhizom) neu aus. Hopfen gedeiht an sonnigen bis halbschattigen Plätzen auf warmem, nährstoffreichem, durchlässigem Boden, er benötigt unbedingt ein Rankgerüst. Ausreichend gießen und im Frühjahr organisch mit Kompost düngen, im Herbst oder Frühjahr die oberirdischen Triebe komplett bis auf den Boden zurückschneiden.

Beim Hopfen sitzen die weiblichen nektarlosen Blüten und die männlichen pollenhaltigen Blüten (Insektenweide) auf verschiedenen Pflanzen, doch nur aus den weiblichen entwickeln sich die hübschen, fein duftenden, walnussgroßen Hopfenzapfen.

ERNTE: Hopfenzapfen im August/September

☀ | JUN–SEP | ↑ 30–70 cm

ECHTES JOHANNISKRAUT (HYPERICUM PERFORATUM)

Johanniskraut ist das älteste Nervenmittel der Welt. Neben Hypericin und Gerbstoffen enthält es verschiedene nervenwirksame ätherische Öle, die die Stimmung aufhellen und Lebensfreude zurückbringen.

Tee (2 TL getrocknetes Kraut pro Tasse, 5–7 Min. ziehen lassen) spendet Ruhe und Kraft, lindert leichte Depressionen und nervöse Unruhe, fördert den Schlaf und hilft bei Durchfall.

Aus den Blüten wird Johannisöl (Rotöl) gewonnen – dieses wertvolle Öl pflegt nicht nur trockene, schuppige Haut, sondern besitzt auch wundheilende, entzündungshemmende, schmerzstillende Wirkung. Äußerlich aufgetragen lässt es Wunden schneller und narbenfrei heilen und hilft bei Prellungen, Blutergüssen, Verstauchungen, Verspannungen und leichtem Sonnenbrand.

Um die Sommersonnenwende herum leuchten an sonnigen Böschungen und Wegrändern die goldgelben Blüten des Echten Johanniskrauts, einer sehr alten Heilpflanze. Im Garten ist es eine dekorative Staude für sonnig-warme Blumenbeete oder Pflanzgefäße auf sonnig-warmen Balkonen und Terrassen. Diese anspruchslose, genügsame und winterharte heimische Staude wächst auf magerem, durchlässigem Boden.

ERNTE: wenn das Kraut in voller Blüte steht

REZEPT JOHANNISKRAUTÖL:

Geben Sie 50 g voll aufgeblühte, zerquetschte Blüten in eine kleine Flasche, füllen mit 200 ml hochwertigem, kaltgepresstem Oliven- oder Weizenkeimöl auf und stellen die Flasche unverschlossen an einen warmen Platz, gelegentlich umrühren. Nach drei bis fünf Tagen verschließen Sie die Flasche und stellen sie ins Sonnenlicht. Wenn das Öl nach fünf bis acht Wochen intensiv rot gefärbt ist, filtern Sie die Blüten ab und gießen die wässrige Schicht von der öligen ab. Johannisöl in einem dunklen Gefäß aufbewahren.

ACHTUNG! Nach der Anwendung und dem Verzehr von Johanniskraut kann die Haut im Sonnenlicht gereizt reagieren, denn Hypericin ist für das Hervorrufen von fototoxischen Reaktionen bekannt. Weil Johanniskraut auch die Wirkung von Asthma- und Herzmedikamenten sowie der Antibabypille herabsetzt, sollten betroffene Menschen keine größeren Mengen einnehmen!

✳ | JUN–AUG | ↑ 20–40 cm

KNOBLAUCH (ALLIUM SATIVUM)

Knoblauch gilt als »Wunderknolle«, die dank des ätherischen Öls Alliin und anderer Inhaltsstoffe eine Vielzahl von heilsamen Wirkungen zeigt.

Roher Knoblauch, etwa auf einem Stück Butterbrot mit Honig genossen, oder reichlich in einer warmen Gemüsebrühe beugt Grippe und anderen Erkältungskrankheiten vor.

Hustensaft (3 zerriebene Zehen in 125 ml Wasser mit 3 TL Honig, 10 Min. ziehen lassen) lindert Husten.

Knoblauchtinktur (175 g zerriebener Knoblauch in 125 ml Branntwein, 10 Tage kühl ziehen lassen), tropfenweise eingenommen, regt den Stoffwechsel an.

Knoblauchpulver, täglich über mehrere Monate eingenommen, senkt den Blutdruck.

Knoblauch wünscht einen vollsonnigen Platz auf warmem, lockerem Boden. Stecken Sie die Knoblauchzehen ab März/April einzeln im Abstand von 15 cm fingertief in den Boden oder in Pflanzgefäße – das war's. Dazu brauchen Sie kein eigenes Beet oder Gefäß – Knoblauch gedeiht wunderbar zusammen mit Erdbeeren und Himbeeren, Gurken, Möhren, Rote Bete und Tomaten, auch mit Lilien, Rosen oder auf der Baumscheibe von Obstbäumen.

ERNTE: ganze Knollen, wenn das Laub gelb und trocken ist

TIPP: In Gebieten mit wintermildem Weinbauklima stecken Sie gleich einige der geernteten Zehen wieder in den Boden für die Ernte im kommenden Jahr.

✳ | JUL–SEP | ↑ 30–250 cm

KÖNIGSKERZE (VERBASCUM)

Die Blüten dieser alten Heilpflanze enthalten Flavonoide, Saponine und Schleimstoffe, die Heiserkeit, chronischen Husten und Reizhusten lindern, schleimlösend, blutreinigend und schweißtreibend wirken.

Der milde, leicht süßliche Blütentee (2 TL Blüten pro Tasse, 10–15 Min. ziehen lassen, vor dem Trinken durch einen Kaffeefilter oder Teesieb absieben) hilft bei verschleimtem und reizendem Husten.

Eine Tinktur aus den Blüten hat einen keimhemmenden, fiebersenkenden und beruhigenden Effekt.

Geben Sie zwei Handvoll Blüten ins warme Badewasser, um Hautausschläge und Juckreiz zu lindern.

Königskerzen wachsen gern auf Schuttplätzen und Ödflächen, an Bahngleisen und Wegrändern. Im Garten zieren die pflegeleichten, winterfesten Königskerzen am Zaun, vor Wänden oder im Hintergrund eines Blumenbeets an sonnig-warmen Stellen auf sandigem, magerem, durchlässigem Boden, auch in großen Pflanzgefäßen. Sie vertragen keine Staunässe, regelmäßig gießen. Im ersten Jahr erscheinen nur die bodennahen Blätter, erst im zweiten Jahr erhebt sich ein langer Stängel mit Blüten, der nach dem Abblühen verwelkt und im dritten Jahr vielen Wildbienen eine Behausung gibt (stehen lassen). Im Herbst säen Sie Königskerzen aus, einmal im Garten gepflanzt, verbreiten sie sich an zusagenden Stellen auch durch Selbstaussaat.

ERNTE: Nur trockene Blüten ganz vorsichtig ernten, da sehr druckempfindlich, sofort ausgebreitet an einem schattigen Ort trocknen.

ACHTUNG! Heilwirksam sind nur die Blüten von Großblütiger Königskerze (Verbascum densiflorum) und Windblumen-Königskerze (V. phlomoides), nicht die der Schwarzen Königskerze (V. nigrum).

WICHTIG! Getrocknete Königskerzenblüten enthalten nur Wirkstoffe, wenn sie gelb sind – schwarz verfärbte Blüten können Sie nicht verwerten.

✳ | APR–JUL | ↕ 10–40 cm

LÖWENZAHN (TARAXACUM OFFICINALE)

Löwenzahn gilt als der »Ginseng des Westens«: Durch seinen Gehalt an Bitterstoffen und Kalium in Blättern und Wurzeln fördert Löwenzahn Appetit und Verdauung, stärkt Leber, Galle und Niere und lindert Infektionskrankheiten.

Löwenzahntee (2 TL Blätter oder eine Wurzel pro Tasse, 5–6 min. ziehen lassen) wirkt harntreibend, lindert Blasenentzündungen und unterstützt die Frühjahrskur.

Ebenso können Sie täglich einen Esslöffel von aus den Blättern gepresstem Saft zu sich nehmen oder Blätter und Wurzeln im Smoothie verarbeiten.

Jeder kennt Löwenzahn! Diese heimische Wiesen- und Weidenpflanze verdankt ihren Namen den gezähnten Blättern, die in einer bodenständigen Rosette angeordnet und nach den Lichtverhältnissen mal kleiner (am sonnigen Platz), mal größer (im Schatten) sind. Nach dem Verblühen bilden die Blütenköpfe Pusteblumen. Löwenzähne sind dank ihrer langen, fleischigen, ebenfalls milchsaftführenden Pfahlwurzel tief und fest im Boden verankert. Der Milchsaft hinterlässt braune Flecken auf der Kleidung.

Im Garten gilt der anspruchslose Löwenzahn oft als »Unkraut«, weil er an unerwünschten Stellen wächst. Wen Löwenzahn stört, der sollte abgeblühte Blüten konsequent entfernen und die frisch gekeimten Sämlinge und Jungpflanzen mit der kompletten, noch zarten Wurzel aus dem Boden ziehen – und daraus einen heilwirksamen Tee oder Frühlingssalat zubereiten. Lassen Sie aber unbedingt genügend Löwenzähne für Insekten, Küche und Gesundheit stehen.

ERNTE: Blüte fortlaufend während der Blütezeit, Wurzeln von Frühjahr bis Herbst

WICHTIG! Verzichten Sie auf das Wässern von Löwenzahn, um Bitterstoffe auszuschwemmen – denn genau diese sind heilwirksam. Aromatisieren Sie stattdessen mit süßen Früchten oder Nüssen.

✳ | JUN–SEP | ↑ 40–120 cm

WILDE MALVE (MALVA SYLVESTRIS)

Die Blüten und auch die Blätter enthalten schleimbildende Substanzen, die Husten lindern und bei Halsschmerzen und anderen Entzündungen im Mund-Rachen- und Magen-Darm-Bereich heilsam sind.

Malventee (2 TL Blüten pro Tasse, 10 Min. ziehen lassen) entfaltet seine entzündungsberuhigende Wirkung getrunken, gegurgelt oder gespült, da sich dabei die schleimbildenden Substanzen schützend auf die Schleimhäute legen.

Denselben Effekt erzielt Malventee als Bad und Umschlag bei entzündlichen Hautekzemen.

An Wegrändern und Mauern, auf Schuttstellen und Böschungen gedeiht die Wilde Malve, die als unermüdlicher Dauerblüher eine hübsche Staude für Blumenbeete mit Bauerngartencharakter oder vor Zäunen ist. Auch in Pflanzgefäßen auf Balkon und Terrasse fühlt sich diese anspruchslose, pflegeleichte Staude wohl. Sie braucht einen sonnigen Platz auf nährstoffreichem Boden, bei Hitze und langer Trockenheit ausreichend gießen, und im Frühjahr mit Kompost organisch düngen. Entdecken Sie mit rötlichen Pusteln besprenkelte Blätter, so entsorgen Sie diese von Malvenrost befallenen im Hausmüll.

ERNTE: Blüten fortlaufend während der Blütezeit, zum Trocknen am besten im Juni und Juli

TIPP: Weil die Blüten dem Tee eine schöne Farbe (Anthocyane!) verleihen, sind Malvenblüten in vielen Teemischungen enthalten – doch ein Tee aus frischen Malvenblüten ist auch lecker.

☀	MAI–JUL	↑ 40–120 cm

MEERRETTICH (ARMORACIA RUSTICANA)

Meerrettich heilt auf scharfe Weise: Die Wurzeln wirken durch ihren reichen Gehalt an Senfölglykosiden, Vitaminen und Mineralstoffen bakterienabtötend, krampf- und hustenlösend, appetitanregend, durchblutungs- und verdauungsfördernd.

Mischen Sie etwas ausgepressten Meerrettichsaft unter Apfelsaft für einen appetit- und verdauungsfördernden Trunk.

Etwas frisch geriebene Meerrettichwurzel in einem dünnen Taschentuch als Kompresse für den Nacken lindert Kopf- und Zahnschmerzen, nach max. 5 Minuten entfernen und Hautstelle sanft einölen.

Bei Schmerzen und Juckreiz reiben Sie etwas geriebenen Meerrettich auf infizierte Wunden und Insektenstiche.

REZEPT MEERRETTICH-HONIG:

Rühren Sie fein geriebenen Meerrettich unter die gleiche Menge Honig, mindestens 2 Stunden ziehen lassen – fertig. Täglich 1–2 TL stärken das Immunsystem, beugen Erkältungen vor und fördern die Verdauung. Hält sich im Kühlschrank 1–2 Wochen.

Meerrettich ist wegen seiner scharf schmeckenden, fleischigen bis holzigen, bis zu 60 cm langen Wurzeln bekannt. Die stattliche, anspruchslose, pflegeleichte und winterharte Staude wünscht einen sonnigen Platz. Da sie zum hartnäckigen Ausbreiten neigt, pflanzen Sie Meerrettich am besten in einen großen Kübel, den Sie im Erdboden versenken oder auf Balkon und Terrasse stellen. Ausreichend gießen.

ERNTE: Wurzeln ab Oktober ausgraben, wenn die Blätter beginnen abzusterben, und in feuchtem Sand eingeschlagen oder in einem feuchten Tuch im Kühlschrank aufbewahren; Seitenwurzeln abbrechen und wieder einpflanzen.

ACHTUNG! Meerrettich nicht auf Schleimhäute oder in die Augen reiben.

TIPP: Meerrettichwurzeln am besten stets frisch gerieben verwenden! Beim Reiben treiben die freigesetzten Senfölglykoside die Tränen in die Augen – dabei werden die Nasennebenhöhlen gereinigt und Kopfschmerzen gelindert. Wenn Sie dies nicht mögen, Tauchermaske aufsetzen.

☀ | JUL–SEP | ↑ 40–70 cm

ZITRONENMELISSE (MELISSA OFFICINALIS)

Die beim Zerreiben intensiv nach Zitrone duftenden Blätter enthalten ätherische Öle wie Citronellal und Citral, die eine krampflösende, beruhigende und blähungstreibende Wirkung entfalten. Als sanfte Heilpflanze wird sie zur Entspannung und zum Stressabbau eingesetzt.

Melissentee (2–3 TL zerkleinerte Blätter pro Tasse, 10 Min. ziehen lassen) lindert Kopfschmerzen und Beschwerden der Verdauungsorgane, hilft auch bei Schlaflosigkeit.

Melissenbad (100 g Blätter in 1 Liter heißem Wasser, 10 Min. ziehen lassen, abseihen und ins Badewasser geben) entspannt, beruhigt und schenkt guten Schlaf.

Frisch aus Blättern gepresster Pflanzensaft ist gut gegen Lippenherpes.

Die anspruchslose, pflegeleichte Melisse oder Zitronenmelisse ist eines der ältesten Würz- und Heilkräuter. Im Garten liebt sie einen warmen Platz an der Sonne in lockerer, nährstoffreicher Erde, gedeiht auch in Pflanzgefäßen auf Balkon und Terrasse. Als winterharte Pflanze übersteht sie unsere Winter problemlos und treibt im Frühjahr neu aus, selbst wenn sie stark zurückgefroren ist. Im Frühjahr wird sie mit gut verrottetem Kompost gedüngt, wegen ihrer oberflächennahen Wurzeln auf Bodenarbeiten verzichten.

ERNTE: Blätter kurz vor der Blüte

TIPP: Zitronenmelisse spendet gute Laune – als Tee aus frischen Blättern oder im grünen und fruchtigen Smoothie

☀	JUL–SEP	↑ 30 – 60 cm

PFEFFERMINZE (MENTHA X PIPERITA)

Unter den vielen verschiedenen Minzen-Arten und -Kreuzungen ist die Pfefferminze die bekannteste. Die ganze Pflanze verströmt dank der ätherischen Öle (vor allem Menthol und Menthon) einen intensiven, aromatisch frischen Duft. Ihre Blätter ergeben den äußerst beliebten Pfefferminztee.

Pfefferminztee (2 TL Blätter pro Tasse, höchstens 5 Min. ziehen lassen) wirkt krampflösend bei Magen-Darm-Beschwerden und kühlend, schmerzlindernd bei Kopfschmerzen.

Zum Fiebersenken reiben Sie den heißen Körper mit Pfefferminztee ab.

Ein paar Tropfen Pfefferminzöl mit etwas Sonnenblumen- oder Olivenöl gemischt ist wohltuend bei Kopfschmerzen und Erkältungen, wenn man es auf die Schläfen reibt, und entspannt verspannte Muskelpartien.

Ebenfalls einen entspannenden Effekt hat ein Badezusatz aus Sahne und einigen Tropfen Pfefferminzöl.

Die winterfeste Pfefferminze ist eine robuste, anspruchslose und pflegeleichte Staude, die an sonnigen bis halbschattigen Stellen auf humosem, eher feuchtem Boden gedeiht. Da sie eine hohe Luftfeuchtigkeit bevorzugt, fühlt sie sich vor Sträuchern besonders wohl. Minzen breiten sich durch Ausläufer stark im Garten aus. Daher empfiehlt es sich, Minzen in einem großen Pflanzgefäß (40–50 cm Durchmesser, mit Abzugsloch) im Boden zu versenken oder dieses auf Balkon und Terrasse zu stellen. Alle 3 Jahre wird die Pflanze geteilt und mit frischer Erde erneut eingetopft. Im Frühjahr mit Kompost düngen.

ERNTE: Blätter bei Blühbeginn im Juli an einem trockenen Mittag

TIPP: Achten Sie beim Tee zubereiten darauf, dass alle Blätter von Wasser bedeckt sind – sonst werden sie bitter.

Legen Sie ein zerriebenes Minzeblatt auf einen Insektenstich, dies lindert den Schmerz und wirkt desinfizierend.

✳	MAI–OKT	↑ 30–50 cm

RINGELBLUME (CALENDULA OFFICINALIS)

Die Blüten der Ringelblume enthalten ätherische Öle, die Wunden heilen, Entzündungen hemmen und das Blut reinigen. Ringelblumentee (1–2 TL Blüten pro Tasse, 10 Min. ziehen lassen) regt Entgiftungsprozesse im Körper an. Gurgeln oder Spülen mit Ringelblumentee hilft bei Entzündungen im Mund-Rachen-Raum. Bei Verstauchungen, Quetschungen, kleinen oder schlecht heilenden Wunden tränken Sie ein sauberes Tuch mit dem Tee, auf die betroffene Stelle legen und mehrmals täglich wechseln. Wirkt auch als Haarspülung. Ringelblumensalbe lässt Hautverletzungen und wund gelegene Hautstellen rasch heilen.

REZEPT RINGELBLUMENSALBE:
50 g getrocknete Blüten mit 170 g Schmalz erwärmen (nicht braten!), abkühlen und ziehen lassen, nach 3 Tagen erneut erhitzen und Blüten heiß durch ein Tuch abfiltern.

Ringelblumen gehören zu den strahlendsten Sommerblumen, die den ganzen Sommer über unermüdlich wunderschöne sonnengelbe bis orange Körbchenblüten voller Heilkraft bilden. Sie gedeihen im Kräuter- oder Gemüsegarten ebenso gut wie auf sonnigen Blumenbeeten und Rabatten und wachsen problemlos auch in Balkonkästen und Kübeln. Die einjährigen Ringelblumen werden von März bis Mai direkt an Ort und Stelle nicht zu dicht ausgesät, danach säen sie sich zwar selbst aus und tauchen im Garten unvermutet an Stellen auf, an denen Sie gar nichts ausgesät haben, aber sie werden nie lästig.

ERNTE: voll erblühte Blütenköpfe an trockenen, warmen Mittagen

TIPP: Wenn Sie nach einem Bienen- oder Wespenstich eine saubere, zerdrückte Blüte auf die betroffene Hautstelle geben, lindert dies die Schmerzen. Sollten Sie allerdings allergisch auf einen Stich reagieren, müssen Sie sofort zum Arzt oder den Notarzt rufen.

☀ | JUN–SEP | ↑ 60–160 cm

ROTER SONNENHUT (ECHINACEA PURPUREA)

Der Rote oder Purpur-Sonnenhut ist eine alte Heilpflanze der nordamerikanischen Ureinwohner. Durch den Gehalt vieler verschiedener Inhaltsstoffe regt diese Pflanze die körpereigene Immunabwehr an und stimuliert das Immunsystem. Sonnenhuttinktur stimuliert die Abwehrkräfte und wirkt entzündungshemmend, auch während einer Antibiotikatherapie. Sonnenhutbalsam (blühendes Kraut und Wurzeln in Olivenöl erwärmen, 30 Min. ziehen lassen, abgießen, mit Bienenwachs festigen) unterstützt die Wundheilung.

REZEPT SONNENHUTTINKTUR:
Frisches, blühendes Kraut klein geschnitten in Schraubglas füllen, mit 50–60%igem Alkohol übergießen, 3 Wochen auf Fensterbank ziehen lassen, täglich schütteln, dann abseihen und abfüllen.

Der Rote Sonnenhut stammt aus den nordamerikanischen Prärien – in Gärten wird er daher gern mit anderen Präriepflanzen wie Indianernesseln auf sonnig-warmen, windgeschützten Beeten mit gut durchlässigem Boden gepflanzt. Auch im Pflanzgefäß gedeiht diese alte Heilpflanze – um Staunässe zu verhindern, füllen Sie am Gefäßboden eine Drainageschicht aus Kies ein; über den Winter mit Vlies umhüllen. Regelmäßig gießen, im Frühjahr mit Kompost düngen und die abgeblühten Stängel abschneiden. Die pflegeleichte Staude gilt als ausdauernder Blüher, der sich auch gern selbst aussät.

ERNTE: Blüten mit Blättern, wenn sich der Blütenboden aufgewölbt hat

☀ | MAI–SEP | ↑ 30–50 cm

ECHTER SALBEI (SALVIA OFFICINALIS)

Salbeiblätter enthalten ätherische Öle, Gerb- und Bitterstoffe, die für ihre antiseptische, entzündungshemmende und krampflösende Wirkung verantwortlich sind.
Salbeitee (1 TL pro Tasse, 1–3 Min. ziehen lassen) bei verstärkter Schweißbildung, Durchfall, Blähungen und anderen Magen-Darm-Beschwerden trinken.
Bei Zahnfleisch- und Halsentzündungen können Sie mit Salbeitee gurgeln oder Salbeibonbons lutschen. Allerdings trocknet Salbei die Schleimhäute aus – daher verzichten Sie auf Salbeipräparate bei trockenem Husten oder Reizhusten; hier eignen sich Huflattich, Malvenblüten oder Spitzwegerich besser.
Ein paar Salbeiblätter im Tafelwasser und zu den Mahlzeiten getrunken fördern die Verdauung.

Der aus dem Mittelmeerraum stammende Echte Salbei wird seit dem 8. Jahrhundert als Heilpflanze in Klostergärten angebaut. Beim Zerreiben duftet die ganze Pflanze intensiv würzig-aromatisch. Im Garten mag sie einen sonnig-warmen Platz auf trockenem, durchlässigem Boden, gedeiht auch gut in einem Pflanzgefäß auf Balkon und Terrasse. Zwischen Gemüse gepflanzt, hält der Salbei Kohlweißlinge, Möhrenfliegen und Schnecken fern. Der pflegeleichte Salbei ist nur in Weinbaugebieten mit mildem Klima winterfest, in raueren Lagen benötigt er einen Winterschutz oder wird zum Überwintern in einen kühlen, hellen Raum (Treppenhaus, unbeheizter Wintergarten) gestellt. Im Frühjahr zurückschneiden.

ACHTUNG! Da das ätherische Öl Thujon leicht giftig ist, wird Salbei stets nur sparsam dosiert und nicht dauerhaft verwendet!

TIPP: Um den Atem zu erfrischen, kauen Sie ein Salbeiblatt.

✳ | MÄR–MAI | ↑ 10–20 cm

ECHTE SCHLÜSSELBLUME (PRIMULA VERIS)

Die heimische Schlüsselblume gehört zu den altbekannten Heilpflanzen bei Husten, da vor allem die Wurzeln reichlich schleimlösende, auswurffördernde Saponine enthalten.
Schlüsselblumentee (2 TL Blüten pro Tasse, 5 Min. ziehen lassen) ist ein leicht süßlich schmeckender Hustentee, der Husten und Atemwegserkrankungen lindert. Dieser Tee hilft auch bei fiebrigen Erkältungen, beruhigt die Nerven und fördert den Schlaf.
Mit Honig gesüßter Wurzeltee (1 TL fein geschnittene Wurzel pro 1,5 Liter Wasser, aufkochen, 5 Min. ziehen lassen) ist gut bei Bronchitis und anderen Erkältungskrankheiten.
Schlüsselblumensirup aus fein geschnittenen Wurzeln entfaltet eine ähnliche Wirkung.

Mit ihren goldgelben, zart duftenden Blüten läutet die heimische Echte Schlüsselblume den Frühling ein. Wild wächst sie am Wegrand, auf mageren Wiesen und Böschungen. Da die Echte Schlüsselblume geschützt ist, müssen Sie diese Pflanze für eigene Ernten in Ihrem Garten oder im Pflanzgefäß auf Balkon und Terrasse anbauen – Saatgut und Jungpflanzen erhalten Sie in gut sortierten Kräutergärtnereien (nicht der Natur entnehmen!). Am sonnigen bis halbschattigen Platz auf magerem, humosem Boden bildet sie bald größere Bestände. Nicht düngen.

ERNTE: Blüten im März und April, Wurzeln im Oktober und November

ACHTUNG! Manche Menschen reagieren auf Schlüsselblumen allergisch.

✳ | MAI–SEP | ↑ 20–40 cm

SPITZWEGERICH (PLANTAGO LANCEOLATA)

Da Spitzwegerich viele Schleim-, Gerb- und Bitterstoffe enthält, wird er in der Volksmedizin vielfältig eingesetzt – als mildes Hustenmittel und Pflaster für unterwegs.
Spitzwegerichtee (1 TL Kraut pro Tasse, 5 Min. ziehen lassen, mit Honig süßen) löst Husten, mildert reizende Halsschmerzen, verschleimte Bronchien, Reizhusten und fiebrige Erkältungen; zudem lindert er auch Magen-Darm-Beschwerden und klärt Hautunreinheiten, da er den Stoffwechsel anwirft. Ähnlich wirken Spitzwegerich-Sirup und -Honig (im Mund zergehen lassen).
Gurgeln mit Tee hilft bei entzündetem Zahnfleisch oder Halsentzündung.
Umschlag mit Tee auf entzündete Hautstellen legen.

Am Wegrand, auf Wiesen, Weiden und öden Flächen wächst der heimische Spitzwegerich – besser ist es, wenn er in Ihrem Garten gedeiht: Dann können Sie unbesorgt vor möglichen Belastungen durch Straßenverkehr, Hundekot und Ähnlichem die Blätter ernten. Kommt er ohnehin in Ihrem Garten vor, so erhalten Sie diesen Bestand, sonst säen oder pflanzen Sie ihn an einen sonnigen bis halbschattigen Platz. Spitzwegerich ist robust, pflegeleicht und winterhart. Er gedeiht auch in einem Pflanzgefäß auf Balkon und Terrasse.

ERNTE: Blätter von April bis Juni, vorsichtig abschneiden, da sich Druckstellen beim Trocknen schwarz verfärben.

Inhaltsstoffe wie Aucubin, Acteosid und Catalpol unterdrücken das Wachstum von Mikroorganismen – darum wirkt diese Heilpflanze antibiotisch und entzündungshemmend, und der Pflanzensaft kann nicht schimmeln.

TIPP: Frische Spitzwegerichblätter dienen unterwegs als Pflaster für kleinere Wunden oder Blasen, sie wirken auch blutstillend.

Zerquetsche Blätter oder deren Presssaft lindern Juckreiz und Schmerz nach Insektenstichen.

✳ | JUL–OKT | ↑ 30–150 cm

WEGWARTE (CICHORIUM INTYBUS)

Die heimische Wegwarte ist ein bitteres Heilkraut. Dank der verdauungsfördernden, appetitanregenden Bitterstoffe hat sie einen positiven Effekt auf Magen, Darm, Leber und Galle und lindert Blähungen und Völlegefühl. Daher ist Wegwarte in vielen Leber- und Gallentees enthalten.
Wegwartentee (2–3 TL Kraut oder Wurzel pro Tasse, 10 Min. ziehen lassen) fördert die Verdauung, lindert Völlegefühle und Appetitlosigkeit, ist gut für Leber und Galle.
Alles an dieser vitamin- und mineralstoffreichen Pflanze ist essbar, hat aber eindeutig einen bitteren Geschmack – ein Zeichen dafür, dass es verdauungsfördernd wirkt.

Wegwarten lieben offene, besonnte Plätze an Weg- und Straßenrändern, Bahndämmen, auf Wiesen, brachliegenden Flächen und Schuttstellen. Im Garten mag sie sonnige, trockene Stellen auf durchlässigem, nährstoffreichem Boden. Die anspruchslose, pflegeleichte Wegwarte verträgt viel Trockenheit. Morgens öffnen sich die großen blauen Blütenkörbchen und richten sich zur Sonne aus. Doch schon im Lauf des Nachmittags verblassen und verwelken sie; wenn die Sonne nicht scheint, bleiben die Blütenköpfe geschlossen.

ERNTE: junge Blätter vor der Blüte, Blüten vormittags, Wurzel ab September

ACHTUNG! Da der Tee aus der Wurzel einen leicht abführenden Effekt hat, höchstens zwei Tassen täglich trinken.